한 방울의 탐험,

위스키 증류소와
나만의 술 이야기

한 방울의 탐험.

위스키 증류소와
나만의 술 이야기

고윤근·임오선 지음

WHISKY DISTILLERY AND MY OWN SPIRIT STORY

좋은땅

‖목 차‖

술꾼을 위한 기초

증류주 이야기

증류소 이야기

사건

개인연구

에필로그:

호남의 술꾼(湖南酒徒)

이 고사는 〈사기(史記)〉 '역생육가열전(酈生陸賈列傳)'에서 유래하였습니다.

진류현 고양(高陽) 사람인 역이기(酈食其)는 글 읽기를 좋아하지만 가난하여 뜻을 펴지 못하고 성문을 관리하는 벼슬아치로 생을 이어갑니다.

그러던 중 훗날 한고조가 되는 유방(劉邦)이 근처를 지날 무렵 직접 찾아가 그를 만나 보려 하지만, 유방은 "나는 지금 천하를 평정하는 일로 바쁘기 때문에 선비를 만날 틈이 없다."라고 사자를 보내 전합니다.

당시 역이기는 사자에게 이렇게 호통쳤다고 합니다.

"빨리 들어가서 패공께 나는 고양의 술꾼이지 선비가 아니라고(吾高陽酒徒 非儒人也) 말씀하시오."

그것이 한고조와 한나라 개국공신 역이기의 첫 만남이었습니다.

'고양주도(高陽酒徒)'란 '술을 좋아하여 제멋대로 행동하는 사람'을 비유한 말입니다. 대체로 '주도(酒徒)'를 번역함에 있어 '술꾼'이라고 번역하는 것이 주류이지만, 이렇게 번역하면 의미가 잘 살지 않아 별로 좋아하지 않습니다.

'선비'라 함은 예법과 세상의 도덕적 질서를 논하는 이를 의미하는데, 꽉 막힌 이를 싫어하는 유방은 소위 말하는 '꼰대'와 말 섞고 싶지 않아 선비를 들이지 말라고 하지 않았을까요.

그런 의미에서 역이기가 자신이 선비가 아니라는 의미로 '술꾼'이라고 이야기하는 것은 특이합니다. 선비가 아니면 무조건 술을 좋아하는 것도 아닐 테니까요. 아마도 역이기는 선비를 싫어하는 유방에 맞춰 이야기했을 가능성이 높다고 생각합니다.

술을 좋아하는 무리(徒). 오늘날의 말로 이야기하면 일종의 양아치이지요. 평생을 공부만 한 사람이 자신을 소개하는 말로 하기에는 한참 낮추어 이야기하지 않았나 생각합니다. 이 대목에서 나는 역이기에게 유방과의 만남이 얼마나 절박했는지, 자신의 겉모습이 아닌 사상으로 평가받기를 원했는지가 드러났다고 봅니다. 평생 뜻을 펴지 못하고 살아가던 그에게는 단 한 번의 시선이 절박했을 것입니다.

이 고사를 빌려 독자 여러분께 인사드리길, 나는 호남의 술꾼(湖南酒徒)입니다.

에디터 K

술자리에서 침묵하는 이는 진정한 군자이고, 재물에 분명한 이는 대장부다 (酒中不語眞君子 財上分明大丈夫)

"酒中不語眞君子(주중불어진군자)"와 "財上分明大丈夫(재상분명대장부)"는 사기(史記)의 저자인 사마천이 했다고 알려진 말로, 전통적 도덕관과 인간의 태도를 함축적으로 드러냅니다.

이는 단순히 술자리와 재물 관리에서의 예절과 태도를 말하는 것이 아니라 인간관계 속에서 스스로의 품격과 원칙을 지키는 삶의 방식을 이야기한다고 생각합니다.

술자리에서 침묵하는 군자의 품격

술자리는 인간관계에서 중요한 순간으로, 사람의 본질이 드러나는 자리입니다. 술은 이성을 흐리게 하고, 감정을 과잉하게 만들어 본래의 품격을 잃게 하는 경우가 많습니다.

따라서 "술자리에서 말하지 않는 이는 진정한 군자다"라는 구절은 단순한 침묵의 미덕이 아니라, 술자리에서 스스로를 다스리고 절제할 줄

한 방울의 탐험. 위스키 증류소와 나만의 술 이야기

아는 이의 품격을 말합니다. 쓸데없는 언행으로 추태를 보이는 대신, 상황을 통찰하고 적절히 자신의 위치를 지키는 것이 군자의 덕목이라고 생각합니다.

재물에 분명한 대장부의 기개

돈과 관련된 일은 그 자체로 가치 중립적이지만, 이를 다루는 사람의 태도가 신뢰와 존경을 결정합니다. 대장부는 재물 앞에서도 흔들리지 않고, 공과 사를 명확히 구분하며, 정직한 태도로 문제를 해결할 줄 아는 사람입니다.

이 구절은 인간관계에서의 투명성과 원칙 또한 이야기합니다. 재물이나 명예, 권력으로 타인을 설득하려 하지 않고, 스스로의 분명함으로 상대를 감동시키는 것이 진정한 대장부의 태도 아닐까요.

술과 재물, 그리고 인간의 본질

술과 재물은 사람의 본질을 드러내는 두 가지 거울과 같습니다. 술은 이성을 흐리게 하여 인간의 본능적 성향을 드러내고, 재물은 탐욕과 신뢰의 경계를 시험합니다. 이 두 가지 상황에서 스스로를 지키고, 타인에게 신뢰를 줄 수 있는 이라면 그가 곧 군자이고 대장부일 것입니다.

"酒中不語眞君子(주중불어진군자)"와 "財上分明大丈夫(재상분명대장부)"는 오늘날에도 우리가 인간관계와 삶의 태도를 돌아보게 하는 지침으로 남아 있습니다. 술자리에서도 자신의 품격을 지키는 이, 그리고 재물 앞에서도 책임을 다하는 이는 단순한 이상적 인물이 아닙니다. 이는 오늘날에도 인간관계와 사회적 신뢰를 구축하는 핵심 덕목이라고 나는 감히 이야기해 봅니다.

한 방울의 탐험. 위스키 증류소와 나만의 술 이야기

술꾼을 위한 기초

위스키 테이스팅의 이해

글을 시작하며 위스키의 맛과 향을 표현하는 용어 8가지를 소개해 드리려고 합니다. 술의 맛이라는 감각적 영역을 과학적 범주로 묶어 표현한 이 용어들은 1992년 위스키 매거진에 의해 소개되며 대중적으로 정착합니다. 위스키는 대중적인 증류주 중에서 풍미를 느끼기 좋은 편입니다. 도전하는 마음으로 하나하나 찾아 보면 여러분의 음주생활이 한층 더 즐거워질 겁니다.

씨리얼(Cereal)

주로 위스키의 원료가 되는 곡물에서 나오는 고소한 향을 일컫습니다. 삶은 보리나 감자, 혹은 구운 돼지고기 같은 향을 떠올리시면 됩니다. 위스키를 처음 접하는 사람들에게도 익숙하게 느껴질 수 있습니다.

플로럴(Floral)

꽃향기보다는 식물 향에 가깝다고 묘사됩니다. 보통 허브, 건초 더미 등의 어휘로 표현됩니다. 자연의 향기를 좋아하는 분들이라면 금방 찾을 수 있을 겁니다.

프루티(Fruity)

말 그대로 과일 같은 맛입니다. 신선한 과일 뿐만 아니라 때로는 말린 과일로도 묘사됩니다. 오렌지나 파인애플 같은 상큼한 냄새를 떠올려 보세요.

피티(Peaty)

흔히 약품 냄새로 대표되는 피트를 태운 냄새입니다. 주로 흙, 재같은 어휘로 표현됩니다. 이 향은 아이오딘이 만들어내는 독특한 향기로, 특유의 강렬함이 있습니다. 마니아층이 두텁지만 호불호가 극명하게 갈립니다.

설퍼리(Sulphury)

증류 과정에서 구리 증류기에 오래 머무른 위스키에서 많이 나는 풍미입니다. 목을 넘어갈 때 느껴지는 유황 냄새로, 폭죽이나 성냥과 비슷한 향을 떠올리시면 됩니다. 처음에는 생소할 수 있지만, 한 번 빠져들면 잊을 수 없는 향이죠.

페인티(Feinty)

위스키를 증류하면 초류, 중류, 후류로 나누어 가운데의 중류만을 사용합니다. 이 때 후류를 종종 Feints라고 부릅니다. 페인티는 이 후류에서 오는 맛이라고 합니다. 꿀, 가죽, 담뱃잎 같은 어휘로 표현되며, 개인적으로 위스키의 맛 중 가장 묘사하기 어렵다고 생각하고 있습니다. 묵직하고 오묘한 향을 한 번 찾아 보시길 바랍니다.

와이니(Winey)

와인 캐스크에서 숙성된 위스키에서 주로 느껴지는 향입니다. 초콜릿이나 견과류 같은 어휘로 표현됩니다. 와인 애호가들에게 특히 매력적인 향이죠.

우디(Woody)

위스키 캐스크에서 연출되는 향기로, 가장 복잡하고 범주가 넓습니다. 세부적으로는 네 가지로 나뉩니다.

- **뉴우드(NewWood)**: 화사하고 톡 쏘는 새 오크통 냄새로, 시가 상자나 육두구 같은 향이 납니다.

한 방울의 탐험. 위스키 증류소와 나만의 술 이야기

- **올드우드(OldWood)**: 눅눅하고 무거운 헌 오크 통 냄새로, 연필이나 잉크 같은 향이 납니다.
- **바닐라(Vanilla)**: 오크 통이 그을릴 때 생성되는 바닐린 냄새로, 커스터드나 캐러멜 같은 향이 납니다.
- **토스트(Toast)**: 오크 통 나무 조직이 탄 냄새로, 토스트나 커피 같은 향이 납니다.

위스키의 세계는 이렇게 다양한 향과 맛으로 가득 차 있습니다. 여러분도 위스키의 매력을 한층 더 깊이 느껴 보시길 바랍니다.

위스키 마시는 법의 이해

  흔히 위스키를 마실 때 부딪히는 첫 난관이 '어떻게 마셔야 하는가?' 입니다.

  실제로 각 제조사마다 자사의 위스키를 가장 효과적으로 음용하도록 권장하는 방법은 각각 다릅니다. 이런 회사별 위스키 음용법에 대해 다루기는 매우 오래 걸릴 것 같으니, 대중적이고 유명한 위스키 음용법에 대해서만 다루어 봅시다.

1. 니트(Neat)

  니트는 위스키를 아무것도 섞지 않고 마시는 방법입니다. 가장 순수한 위스키의 맛을 느낄 수 있으며, 특히 고급 위스키를 즐길 때 많이 사용됩니다. 니트로 마시면 위스키의 모든 풍미를 그대로 느낄 수 있습니다. 지역에 따라 버번 글라스나 노징 글라스의 선호도가 다릅니다.

노징 글라스(Nosing Glass)

노징 글라스는 와인 글라스와 비슷한 모양으로, 좁아지는 입구가 특징입니다. 이 모양은 위스키의 향을 집중시켜 더 잘 느낄 수 있게 합니다.

니트로 마실 때 노징 글라스를 사용하면 위스키의 복잡한 향과 맛을 더욱 깊이 경험할 수 있습니다. 위스키의 본고장인 영국의 경우 노징 글라스를 선호합니다.

버번 글라스(Bourbon Glass)

버번 글라스는 일반적으로 높이가 짧고 폭이 넓은 잔으로, 위스키의 풍미를 자유롭게 느낄 수 있게 합니다. 버번 위스키를 마실 때 많이 사용됩니다.

주로 버번 위스키의 생산지인 미국에서 이 방법을 선호하며, 그들은 '노징 글라스는 지나치게 향을 모아 준다.'라고 주장합니다.

2. 미즈와리(Mizuwari)

미즈와리는 일본에서 유래된 방법으로, 위스키에 찬물을 섞어 마시는 것을 의미합니다. '미즈'는 물, '와리'는 '붓다'라는 뜻입니다. 대충 '물을 끼얹다'로 번역되는 미즈와리는 거의 하이볼에 가까운 수준으로 물을 많이 붓는다는 점에서 특이합니다.

2차 세계대전 이후 일본에서 위스키를 아껴 마시기 위해 개발된 방법이라는 설, 위스키 맛이 익숙하지 않은 일본인들이 어떻게든 위스키를 먹기 위해 사케에 물을 붓는 것처럼 먹은 것이 시초라는 설 등이 있습니다.

찬물 대신 뜨거운 물을 섞어 마시는 오유와리(Oyuwari)라는 음용법
도 있습니다. 이 경우 위스키의 향이 더 강하게 열립니다.

3. 온더락(On the Rocks)

이 용어는 1940년대에 처음 사용되기 시작했으며, 당시 얼음을 '락스
(rocks)'라고 불렀기 때문에 자연스럽게 '위스키 온더락'이라는 표현이
생겼다고 합니다. 중세시대 스코틀랜드에서 위스키를 차갑게 마시기 위
해 계곡의 돌을 이용한 것이 시초라는 속설이 있습니다만, 근거가 빈약
하고 현실성이 없어 이 책에서는 1940년 설을 차용했습니다.

온더락은 큰 얼음에 위스키를 부어서 마시는 방법으로, 위스키의 향과
맛을 얼음의 융해와 함께 즐길 수 있게 합니다. 스카치와 버번을 가리지
않고 대중적으로 사랑받는 음용법입니다. 위스키 애호가들 중에는 얼음
이 위스키의 향이 퍼지는 것을 방해한다고 여겨 좋아하지 않는 분들도
계십니다.

같은 위스키라도 방법을 달리해서 마셔보면 찾지 못했던 맛과 향을 발
견하는 경우도 있습니다. 다양한 방법을 사용해 보며 위스키를 즐겨 보
시길 바랍니다.

위스키 라벨의 이해 : 재사용 캐스크의 종류

위스키를 마시다 보면 라벨에 이런 문구를 발견할 수 있습니다. 더블 캐스크(Double Cask), 셰리 캐스크(Sherry Cask), PX 셰리 캐스크(PX Sherry Cask), 올로로소 셰리 캐스크(Oloroso Sherry Cask) 따위의 것들 말입니다. 심지어 피노 셰리 피니시 (Fino Sherry Finish) 같은 용어는 무슨 뜻인지 짐작도 안 가죠. 이것들에 관해서 알기 위해서는 우선 전 세계에 존재하는 주류(대부분 와인)에 관해 알아야 합니다. 이번 글에선 이런 용어들이 무슨 뜻인지 알아 봅시다.

피니싱(Finishing)

피니싱은 위스키가 첫 번째 캐스크에서 주요 숙성을 마친 후, 두 번째 캐스크로 옮겨져 추가로 숙성되는 과정을 말합니다. 이 두 번째 캐스크는 보통 다른 종류의 술을 숙성시켰던 캐스크로, 이를 통해 위스키에 추가적인 향과 맛을 부여합니다.

피니싱의 개념은 비교적 최근에 등장했습니다. 1980년대 초반에 발베니(Balvenie) 증류소의 마스터 디스틸러 데이비드 스튜어트(David Stewart)는 1983년 '발베니 더블우드'를 출시하면서 피니싱 개념을 본격적으로 소개했습니다. 이 위스키는 첫 번째로 아메리칸 오크 캐스크에서 숙성된 후, 유러피안 오크 셰리 캐스크에서 추가 숙성되었습니다.

글렌모렌지(Glenmorangie)의 빌 럼스덴(Bill Lumsden) 박사 역시 피니싱 개념을 대중화하는 데 중요한 역할을 했습니다. 그는 다양한 와인 캐스크를 사용해 위스키에 복합적인 향과 맛을 더하는 실험을 많이 했습니다.

여러개의 오크 통을 거쳐 피니싱 하는 경우도 있습니다. 멀티 피니싱(Multi-Finishing) 또는 레이어드 피니싱(Layered Finishing) 이라고 부릅니다.

더블 캐스크(Double Cask)

더블 캐스크는 피니시와 비슷하지만 다릅니다. 두 개의 오크 통을 사용하여 숙성했다는 의미로, 서로 다른 오크 통에서 숙성된 원액을 섞었다는 의미입니다. 아벨라워 12년 같은 경우 아메리칸 버번 캐스크와 스페인 셰리 캐스크에서 각각 12년 숙성된 원액을 혼합한 것으로 알려져 있습니다. 많게는 4개의 오크 통을 섞는 경우까지 존재하는데요, 이런 경우를 위한 용어로 트리플 캐스크(Triple Cask), 콰트로 캐스크(Quatro Cask) 같은 말이 존재합니다만, 극히 드뭅니다.

캐스크

'위스키 (6) : 캐스크 이야기'에서 다루었지만, 일단 캐스크(Cask)는 술을 숙성하는 오크 통을 의미합니다. 앞서 이야기한 것처럼 어떤 캐스크에서 숙성했는지에 따라 위스키 맛도 달라집니다.

1. 셰리 캐스크 (Sherry Cask)

셰리 캐스크는 셰리 와인을 숙성한 오크 통을 의미합니다. 그렇다면 셰리 와인은 또 무엇일까요?

셰리 와인은 와인에 브랜디 혹은 오드비를 넣어 도수를 높인 주정강화 와인의 일종입니다. 스페인 법률에 의하면, 반드시 셰리 트라이앵글이라는 지역에서 생산되어야 하며, 이 지역은 헤레스 델 라 프론떼라(Jerez de la Frontera), 산루카르 데 바라메다(Sanlúcar de Barrameda), 엘 푸에르토 데 산타마리아(El Puerto de Santa María) 사이의 카디스(Cádiz) 주에 있습니다. 여러 개의 오크 통을 연결해 숙성하는 솔레라 시스템(Solera System)이라는 독특한 방식을 이용합니다.

셰리를 만드는 주요 품종으로는 화이트 품종인 팔로미노(Palomino)가 90%를 차지하며, 나머지로는 페드로 히메네즈(Pedro Ximénez)와 모스카텔(Moscatel)이 있습니다. 팔로미노 품종으로 만든 화이트와인이 발효 중일 때, 70%가 넘는 알코올을 넣어 효모의 활동을 중지시킵니다. 알코올 도수를 15.5%로 맞추고 오크 통에서 발효시키면 위에 회색빛이 감도는 얇은 막이 생기는 데 이를 플로르(Flor)라 부릅니다. 플로르에 있는 효모는 공기 중 산소를 받아들이고, 와인에서 당분을 빨아들여 신선한 사과, 아몬드 등의 견과류 향을 만듭니다. 이렇게 플로르 아래에 서 숙성된 셰리를 피노(Fino), 플로르가 덜 생성되어 산화가 조금 일어 난 셰리를 아몬틸라도(Amontillado)라 부르고, 알코올을 넣을 때 도수 를 18% 이상으로 맞춰서 플로르를 없애고 산화를 촉진한 것을 올로로소 (Oloroso)라고 부릅니다.

1.1. 올로로소 셰리 캐스크

- **특징** : 올로로소(Oloroso) 셰리는 건포도, 견과류, 다크초콜릿 같은 진한 향과 함께 약간의 스파이시함이 특징입니다.
- 올로로소 셰리 캐스크에서 숙성된 위스키는 깊고 강렬한 향을 더 해줍니다. 견과류, 다크초콜릿, 건포도, 스파이스 노트가 특징이며, 복합적이고 풍부한 맛을 선사합니다.

대표적인 위스키 :

- 맥캘란 18년 셰리 오크

1.2. 아몬틸라도 셰리 캐스크

- **특징** : 아몬틸라도(Amontillado) 셰리는 적당한 산화로 인해 견과 류, 캐러멜, 약간의 짭짤한 향이 특징입니다. 위스키에 복합적인 향 미를 더해 주는 것으로 알려져 있습니다.

대표적인 위스키 :

- 글렌알라키 9년 아몬틸라도 셰리 캐스크 피니시 (Glenallachie 9 Year Old Amontillado Sherry Cask Finish)

1.3. 피노 셰리 캐스크

- **특징** : 가벼운 셰리 와인입니다. 가벼운 바디감과 함께 상큼한 시트러스 향이 특징입니다.

대표적인 위스키 :

- 킬호만 피노 셰리 캐스크 (Kilchoman Fino Sherry Cask)

1.4. PX 셰리 캐스크

- **특징** : 페드로 히메네즈(Pedro Ximénez)는 포도 품종의 이름입니다. 이 포도로 생산되는 셰리 와인은 건포도와 무화과 같은 농축된 단맛이 특징입니다.

대표적인 위스키 :

- 라프로익 PX 캐스크 (Laphroaig PX Cask)

2. 주정강화 와인

와인에 브랜디를 섞어 보존성을 강화한 것입니다. 스페인의 셰리 와인이 대표적이지만 발상이 간단한 만큼 유럽 곳곳에서 생산되는 주정강화 와인의 맛은 조금씩 다릅니다.

2.1. 포트 캐스크 (Port Cask)

- **특징** : 포트와인은 포르투갈의 두로 지역에서 생산되는 강화 와인으로, 숙성 정도에 따라 루비 포트와 토니 포트로 나뉩니다. 꾸덕한 자두 같은 맛이 일품입니다.

대표적인 위스키 :

- 발베니 21년 포트우드 (Balvenie 21 Year Old PortWood)

2.2. 마데이라 캐스크 (Madeira Cask)

- **특징** : 마데이라 와인은 포르투갈의 마데이라 섬에서 생산되는 강화 와인으로, 단맛과 산미가 조화를 이룹니다.

대표적인 위스키 :

- 발베니 15년 마데이라 캐스크 (Balvenie 15 Year Old Madeira Cask)

2.3. 마르살라 캐스크 (Marsala Cask)

- **특징** : 마르살라 와인은 이탈리아 시칠리아 지역에서 생산되는 강화 와인으로, 단맛과 스파이시한 향이 특징입니다.

대표적인 위스키 :

- 아란 더 마르살라 와인 캐스크 (Arran The Marsala Wine Cask)

3. 와인(Wine)

물론 레드와인 캐스크도 사용되지만 종류가 너무 많고 생산 지역 또한 다양하기에 각 지역에서 생산되는 특수한 와인에 대해서만 다루겠습니다.

3.1. 소테른 캐스크 (Sauternes Cask)

- **특징** : 소테른 와인은 프랑스 보르도 지역에서 생산되는 디저트 와인으로, 꿀, 살구, 복숭아 등의 달콤한 향이 특징입니다.

대표적인 위스키 :

- 글렌모렌지 넥타 도르 (Glenmorangie Nectar d'Or)

3.2. 토카이 캐스크 (Tokaji Cask)

- **특징** : 토카이 와인은 헝가리의 토카이 지역에서 생산되는 디저트 와인으로, 꿀, 살구, 복숭아 등의 달콤한 향이 특징입니다. 특정한 제품들은 엄청난 산뜻함을 자랑합니다.

대표적인 위스키 :

- 페넬로페 버번 토카이 캐스크 피니시 (Penelope Bourbon Tokaji Cask Finish)

3.3. 아마로네 캐스크 (Amarone Cask)

- **특징** : 아마로네는 이탈리아 베네토 지역에서 생산되는 와인으로, 농축된 과일 향과 풍부한 바디감을 자랑합니다.

대표적인 위스키 :

- 아란 아마로네 피니시 (Arran Amarone Finish)

3.4. 투스칸 와인 캐스크 (Tuscan Wine Cask)

- **특징** : 투스칸 와인은 이탈리아 토스카나 지역에서 생산되는 다양한 와인으로, 주로 산지오베제 포도로 만듭니다.

대표적인 위스키 :

- 글렌모렌지 알테인 (Glenmorangie Artein)

4. 증류주(Spirit)

4.1. 버번 캐스크(Bourbon Cask)

- **특징** : 미국 켄터키 주에서 주로 생산되는 버번 위스키입니다. 부드럽고 고소한 맛 덕분에(혹은 엄청난 공급량에 따른 저렴한 가격 덕분에) 많은 위스키 제조사에서 선호합니다.

대표적인 위스키 :

- 오켄토션 아메리칸 오크 (Auchentoshan American Oak)

4.2. 럼 캐스크(Rum Cask)

- **특징** : 주로 사탕수수를 발효하여 증류한 술을 럼이라고 합니다. 캐러멜, 바닐라, 열대 과일 향이 특징입니다. 럼 캐스크로 숙성한 위스키는 호불호가 제법 갈리는 편입니다.

대표적인 위스키 :

- 발베니 14년 캐리비안 캐스크 (Balvenie 14 Year Old Caribbean Cask)

4.3. 코냑 캐스크(Cognac Cask)

- **특징** : 코냑은 프랑스 코냑 지역에서 포도의 수확부터 병입 및 포장까지 모두 마친 브랜디로, 풍부한 과일 향과 오크의 향이 조화를 이룹니다.

대표적인 위스키 :

- 글렌모렌지 배럴 셀렉트 릴리즈 13 (Glenmorangie Barrel Select

Release 13 Year Old)

4.4. 깔바도스 캐스크(Calvados Cask)

- **특징** : 깔바도스는 프랑스 노르망디 지역에서 생산되는 사과 브랜디로, 사과와 배의 향이 특징입니다.

대표적인 위스키 :

- 글렌모렌지 깔바도스 캐스크 피니시 (Glenmorangie Calvados Cask Finish)

5. 맥주 캐스크 (Beer Cask)

맥주 캐스크로도 위스키를 숙성합니다.

대표적인 위스키 :

- 글렌피딕 IPA 익스페리먼트 (Glenfiddich IPA Experiment)

6. 미즈나라 캐스크 (Mizunara Cask)

- **특징** : 미즈나라 오크는 일본에서 자라는 오크 나무로, 높은 탄닌과 리그닌 함유량으로 인해 독특한 향과 맛을 제공합니다. 초기 숙성 단계에서는 강한 나무 향이 두드러지지만, 장기 숙성을 통해 향긋한 향신료, 샌들우드, 코코넛 같은 복합적인 향이 발달합니다. 캐스크 제작에 적합한 크기로 성장하기까지 200년가량이 걸리기 때문에 미즈나라 캐스크 자체가 구하기 힘들다고 합니다.

대표적인 위스키 :

- 마츠이 미즈나라 캐스크 (The Matsui Mizunara Cask)

7. 메이플 캐스크 (Maple Cask)

- **특징** : 메이플 시럽은 주로 캐나다와 미국에서 생산되며, 단풍나무에서 추출한 수액을 끓여서 만듭니다. 메이플 캐스크는 이러한 메이플 시럽을 숙성시킨 후 위스키를 숙성시키는 데 사용됩니다. 몇몇 소규모 증류소에서 메이플 시럽 캐스크를 사용해 위스키를 피니싱하여, 단맛과 독특한 풍미를 더합니다. 캐나다와 미국에서 주로 소비됩니다. 현지인의 이야기에 따르면 메이플 시럽 냄새가 굉장히 지배적이라고 합니다.

대표적인 위스키 :

- 웨인 그레츠키 메이플 캐스크 (Wayne Grezky Maple Cask Canadian Whsky)

다양한 캐스크는 각각의 고유한 맛과 향을 위스키에 부여하며, 이를 통해 위스키의 풍미가 더욱 다채로워 집니다. 각 캐스크의 특징을 이해하면 위스키 테이스팅 경험이 더욱 풍부해 질 것입니다.

위스키 라벨의 이해 : 프루프(Proof)

프루프(proof)는 증류주의 알코올 함량을 나타내는 단위로, 그 기원과 사용 방법이 매우 흥미롭습니다. 오늘날엔 이미 오래된 단위이긴 하지만 나름 직관적이고 옛스러운 느낌도 있기 때문에 종종 사용되는 단위입니다. 지금부터 프루프가 무엇인지에 대해 알아 보겠습니다.

프루프의 기원에 대해서는 해적들이 납품 받는 럼주의 품질을 확인하기 위해 사용한 단위라는 설이 널리 퍼져 있으나, 적절한 근거를 찾지 못했으므로 이 책에서는 차용하지 않았습니다. 다만 프루프의 기원이 16세기경 영국이고, 당시 영국 정부가 사략선을 적극적으로 운용했다는 사실을 생각하면 나름대로 신빙성 있는 이야기가 아닐까 생각합니다.

브리태니커 백과사전에 의하면 프루프라는 용어는 16세기 영국에서 처음 사용되었습니다. 당시 세금을 부과하기 위해 술의 알코올 함량을 검사할 필요가 있었는데, 이를 위해 간단한 방법을 사용했습니다. 술에 화약을 적셔 불을 붙이는 방법으로, 불이 붙으면 그 술이 "증명되었다

(Proof)"라고 불릴만큼 알코올 함량이 높다고 간주되었습니다. 이 방식은 알코올 함량이 약 57.15% 이상일 때 화약이 점화되는 특성을 이용한 것입니다.

영국 정부는 1816년 알코올 함량이 물의 12/13 배인 것을 100프루프로 정했습니다. 이는 약 57.06%의 알코올 함량에 해당하며, 이 기준은 이후 영국의 1952년 세관 및 소비세 법에도 포함됩니다.

영국의 프루프 계산식은 다음과 같습니다.

$$proof = 1.75 \times ABV$$

이것을 가지고 계산하면 '글렌파클라스 105'는 105프루프이므로 60%의 도수를 가진다는 사실을 알 수 있습니다.

이후 영국/아일랜드계 이민자들이 아메리카 대륙으로 건너가며 프루프도 함께 건너가게 됩니다. 미국 정부는 프루프를 부피당 알코올 함량(ABV)의 두 배로 정의하여 훨씬 직관적으로 변합니다. 이 경우 도수 50%의 술이 100프루프가 되지요. 현재는 전세계 대부분 증류소에서 미국식 프루프를 사용합니다.

미국의 프루프 계산식은 다음과 같습니다.

$$proof = 2 \times ABV$$

이것을 가지고 계산하면 독하기로 유명한 '바카디 151'은 151프루프이 므로 75.5%의 도수를 가진다는 사실을 알 수 있습니다.

프루프는 오늘날에도 종종 사용되는 알코올 도수의 지표입니다. 라벨에 보이는 프루프의 의미를 되새기며 즐거운 음주 생활이 되기를 바랍니다.

위스키 라벨의 이해 : 숙성 후 공정

위스키 라벨의 마지막 이야기입니다. 이제 뭐가 남았을까요? 어떤 숙성을 거쳤는지, 도수는 몇 도인지를 이야기했으니 이제는 그 외의 이야기를 할 차례입니다. 아직도 위스키 라벨을 보면 이해가 안 가는 표현들을 찾을 수 있습니다. 캐스크 스트렝스, 배럴 프루프, 논-칠 필터드, 싱글 캐스크 정도를 꼽을 수 있겠네요. 이것들은 모두 위스키를 숙성한 후 병입하기 전 마지막 공정에서 어떤 과정을 거치는지 알려 주는 표현입니다.

캐스크 스트렝스(Cask Strength) : 물 타지 않은 위스키

물 타지 않은 위스키가 있다면 보통 위스키는 물을 탄다는 이야기일까요? 그렇습니다. 숙성시키기 위해 스코틀랜드에서 오크 통에 넣는 증류액은 보통 70~80%의 도수를 가지므로 어지간히 오랜 시간 동안 숙성되지 않은 이상 60% 언저리에서 숙성이 끝납니다. 아무래도 직접 마시기에는 조금 강하죠. 또한 40%의 도수가 화학적으로 가장 안정적이므로 숙성된 위스키는 물을 첨가해 도수를 낮추는 공정을 거칩니다.

1968년 글렌파클라스 증류소는 숙성 후 물 타는 공정을 생략한 '글렌파클라스 105'를 출시합니다. 60%라는 어마어마한 도수의 이 위스키는 최초의 상업적 캐스크 스트렝스 위스키로 기록되며 업계에 '캐스크 스트렝스'라는 용어를 정착시킵니다. 이후 맥캘란 증류소가 1980년대 캐스크 스트렝스 제품을 내놓으며 이 분야의 흥행을 견인합니다(맥캘란 캐스크 스트렝스는 현재 단종).

미국의 증류소들은 이 용어를 사용하지 않는데요, 보통은 배럴 프루프(Barrel Proof)나 배럴 스트렝스(Barrel Strength)라는 용어를 사용합니다. 이름만 다를 뿐 물 타지 않은 위스키라는 의미는 모두 같습니다(미국과 영국 사이 전통적인 자존심 문제가 아닐까 추측해 봅니다).

캐스크 스트렝스 위스키는 물을 타지 않아 엄청난 맛과 향(그리고 도수)를 자랑하며 강렬한 위스키를 찾는 애주가들에게 사랑받고 있습니다. 다만 많은 애주가들은 너무나 자극적이기 때문에 가능한 한 건강할 때 마셔야 한다는 농담을 하기도 합니다.

싱글 캐스크(Single Cask) : 단일 캐스크만 병입한 위스키

위스키는 숙성이 끝나면 보통 같은 연식의 캐스크들을 모아 내용물을 섞습니다. 그런데 가끔 다른 캐스크와 섞지 않고 단일 캐스크의 내용물만을 병입한 위스키가 있습니다. 이를 싱글 캐스크라고 부릅니다. 이런 특이한 일을 하는 경우는 보통 두 가지로 나뉩니다.

특별한 사연을 가진 캐스크

캐스크가 특별한 사연을 가진 경우 이것을 기념하기 위해 싱글 캐스크 위스키를 내놓습니다. 한정판이고, 어느 정도 프리미엄이 붙습니다.

이러한 케이스의 유명한 사례로는 버팔로 트레이스의 'Colonel E. H. Taylor, Jr. Warehouse C Tornado Surviving Bourbon'이 있습니다. 2006년 4월 2일, 강력한 폭풍이 켄터키주를 강타하여 버팔로 트레이스 증류소의 숙성 창고 두 곳을 파손시켰습니다. 이 중 하나인 'Warehouse C'는 지붕과 북쪽 벽이 크게 손상되어 내부의 숙성 중이던 위스키 배럴들이 외부 환경에 노출되었습니다. 버팔로 트레이스는 2011년 이 위스키를 병입해 출시하였고, 현재는 굉장히 희귀한 수집품으로 알려져 있습니다.

특수하게 맛있게 숙성된 캐스크

정말 드문 일이지만 신께서 전능한 힘으로 캐스크의 내용물을 마법 같은 맛으로 만들어 놓기도 합니다. 수시로 캐스크 내용물의 맛을 판단하는 마스터 디스틸러의 판단하에 이런 경우는 캐스크를 따로 병입하여 판매하기도 합니다. 당연하지만 한정판입니다.

이 케이스의 가장 유명한 사례로는 맥캘란 파인 앤 레어 1926(The Macallan Fine&Rare 1926)이 있는데요, 1926년에 숙성을 시작한 이 위스키는 1986년 병입되어 2023년 소더비 경매에서 219만 7500파운드(약 35억 원)에 낙찰되어 세계에서 가장 비싼 술로 기록됩니다.

칠 필터링(Chill Filtering) : 유기물 제거 과정

숙성을 마친 위스키에는 지방산, 단백질, 에스테르 등의 유기물이 들어있습니다. 이것들은 위스키의 원료인 곡물이 본래 가지고 있던 성분인데요. 오크 통과 위스키가 상호작용하며 만들어지는 것들도 일부 존재합니다. 설명에서 알 수 있듯 이는 위스키 맛과 향에 많은 영향을 주는 성분이지만 저온에서 쉽게 응고해 추운 날씨에 위스키 색을 혼탁하게 만드는 원인이기도 했습니다.

하지만 1960년대 칠 필터라는 기술이 등장하며 업계의 흐름이 바뀌게 되는데요. 저온에서 굳는 유기물의 특성을 이용해 -10~-4도 정도로 위스키를 냉각시켜 필터로 유기물만 걸러내는 방법이 개발된 것입니다. 저온에도 색이 변하지 않는 깨끗한 색의 위스키는 시각적으로 안정감을 주었고, 오늘날에도 업계의 주류로 남아있습니다.

이후 1980년대 일부 증류소에서 유기물이 위스키 맛과 향에 영향을 줌을 주장하며 칠 필터링을 거치지 않은 위스키를 출시했습니다. 이들은 전통적인 위스키의 맛과 향을 강조하였고, 이는 위스키 애호가들에게서 큰 호응을 얻었습니다.

오늘날 이러한 제품은 보통 라벨에 "Non Chill-Filtered" 또는 "Unchillfiltered"라고 명시되며, 보다 복합적이고 풍부한 맛을 제공하려는 목적이 있습니다. 다만, 저온에서 혼탁해질 수 있으므로 시각적으로 덜 깨끗해 보일 수 있습니다.

내추럴 컬러(Natural Color) : 색소 타지 않은 위스키

영국 위스키 규정에는 위스키 색 조정을 위한 캐러멜 색소(E150a) 첨가를 합법으로 명시하고 있습니다. 이는 전통적으로 스카치 위스키 업계가 불안정한 위스키 색을 캐러멜 색소 첨가를 통해 해결해 왔기 때문이기도 합니다.

오늘날 많은 프리미엄 위스키 증류소는 캐러멜 색소 첨가가 위스키 본연의 맛과 향을 해친다고 주장하며 위스키에 색소를 타지 않은 상태로 병입합니다. 이러한 위스키는 "Natural Color" 또는 "No Added Colour" 등의 라벨을 붙입니다. 대표적으로 맥캘란 증류소가 이러한 방식을 차용하고 있는 것으로 알려져 있습니다.

물론 이는 캐러멜 색소가 합법인 스카치 위스키에 한정되므로 버번의 경우 신경 쓸 일이 없습니다.

이것으로 위스키 라벨에 쓰인 용어들에 대해 알아보는 글을 모두 마쳤습니다. 알면 알수록 즐거운 주류 세상, 눈앞의 위스키가 어떤 과정을 거쳐 왔는지 살펴보며 보다 즐거운 음주 생활을 영위하시길 바랍니다.

Dry의 이해

와인 애호가들이 자주 사용하는 '드라이'라는 용어는 맥주에서도 종종 등장합니다. 심지어 위스키를 마실 때도 이 용어는 등장하지요. 그런데 이 'Dry'가 모두 같은 뜻이라는 사실, 알고 계셨나요? 오늘은 '드라이'가 무엇을 의미하는지 알아 보겠습니다.

와인에서의 '드라이'

'Dry'의 반댓말은 'Sweet'인데요, 보통은 축축하다는 의미의 'Wet'이나 'Moist'를 사용하는게 맞지 않을까요?

이유는 바로 이 축축함을 만들어내는 원인이 설탕이기 때문입니다. 정확히는 액화된 설탕, 시럽이죠. 와인 애호가들은 발효되는 과정에서 남은 당분이 마실 때 입안에 얼마나 남는지를 Dry와 Sweet로 표현한 것입니다. 따라서 드라이 와인은 발효 과정에서 효모가 당분을 모두 알코올로 변환했기 때문에 단맛이 없고 깔끔한 맛을 냅니다.

맥주에서의 '드라이'

맥주에서 '드라이'라는 용어도 발효 과정과 관련이 있습니다. 맥주에서도 효모가 발효를 통해 당분을 알코올로 변환하는데, '드라이' 맥주는 이 과정에서 거의 모든 당분이 소모된 상태를 의미합니다. 이렇게 되면 맥주는 깔끔하고 상쾌한 맛을 갖게 되며, 단맛이 거의 남지 않습니다.

특히 드라이한 맥주를 좋아하는 일본은 맥주를 만들 때 이 발효 과정을 상당히 길게, 혹은 많이 거치는 것으로 알려져 있습니다.

유명한 드라이 맥주들

- **아사히 수퍼 드라이(Asahi Super Dry)**: 일본의 대표적인 드라이 맥주로, 깔끔하고 상쾌한 맛이 특징입니다.
- **기린 이치방(Kirin Ichiban)**: 또 다른 일본의 드라이 맥주로, 마찬가지로 높은 발효율을 자랑합니다.
- **삿포로(Sapporo Premium)**: 이 역시 드라이 맥주의 대표적인 예로, 깔끔한 마무리가 돋보입니다

위스키에서의 '드라이'

위스키에서 '드라이'라는 용어도 마찬가지입니다. 위스키 역시 싹이 난 보리(맥아)를 당화시키고 발효하는 과정이 존재합니다. 이 과정에서 효모가 대부분의 당분을 알코올로 변화시키고 증류하면 '드라이'한, 단

맛이 거의 없고 깔끔한 위스키가 탄생하게 되는 것입니다.

술에서 '드라이'하다는 표현은 결국 당분이 적다는 공통된 의미를 가집니다. 이는 와인, 맥주, 칵테일 등 다양한 주류에서 일관되게 사용되며, 각 술의 특성과 스타일에 따라 당분의 소모 정도가 다르게 나타납니다. 다음번에 술을 즐길 때, '드라이'라는 용어의 의미를 떠올리며 그 깔끔하고 상쾌한 맛을 한층 더 즐겨 보시길 바랍니다.

Body의 이해

술을 즐기다 보면 'Body'라는 말을 자주 듣게 됩니다. 흔히 'Dry'라는 표현처럼 와인이나 위스키 애호가들 사이에서 많이 쓰이는 이 용어는, 술을 마실 때 입 안에서 느껴지는 **질감과 밀도**를 나타냅니다. 술의 Body는 물리적인 밀도와는 다소 차이가 있으며, 마시는 동안 느껴지는 묵직함이나 가벼움을 표현하는 감각적인 개념입니다. 평론가들이 자주 사용하는 표현인 만큼 이해해 두면 도움이 될 겁니다.

앞서 얘기했듯이 Body는 술을 마실 때 입 안에서 느껴지는 질감과 밀도를 표현하는 말입니다. 조금 더 직관적으로 설명하자면, 입 안에 들어왔을 때 뻑뻑하고 잘 넘어가지 않는 느낌이 들수록 'Body가 세다'라는 표현을 사용합니다. 반대로 이야기하자면 약한 Body를 갖고 있을수록 물처럼 가볍게 넘어간다는 이야기가 되겠지요.

술의 Body는 여러 요인에 의해 결정됩니다.

• **알코올 도수**: 알코올 함량이 높을수록 술은 더 묵직하게 느껴지며,

이는 입 안에서 따뜻하고 부드러운 질감을 만들어 냅니다. 비록 알코올의 물리적 밀도는 낮지만, 입 안에서의 감각적 질감을 높이는 중요한 역할을 합니다.

- **당도**: 술의 당분이 많을수록 질감이 더 풍부하고 묵직하게 느껴집니다. 예를 들어, 달콤한 리큐어나 포트 와인은 높은 당도로 인해 풀 바디로 느껴지기 쉽습니다.
- **잔여 성분**: 발효 후 남아 있는 미세한 입자나 잔여 성분은 술의 밀도를 높이며, 술을 더욱 뻑뻑하게 느끼게 만듭니다.
- **숙성 과정**: 특히 오크 숙성을 거친 술은 풍부한 화합물과 깊이 있는 풍미를 더해 술의 Body를 더욱 묵직하게 만듭니다.

같은 술이라도 오래 숙성되면 보통 Body가 강해진다.

이와 같이 술의 감각적인 '밀도'는 알코올 도수뿐만 아니라 당분, 발효 후 잔여 성분, 숙성 화합물 등의 복합적인 요소에 의해 결정됩니다. 결국 술의 Body는 입 안에서 느껴지는 '묵직함'과 '풍미의 깊이'를 나타내는 용어로, 물리적인 밀도보다 훨씬 더 감각적인 경험입니다.

증류주 이야기

Emotion의 증류주의 세계로 떠나는 여행

술은 인류의 역사와 함께 발전해 왔습니다. 그중에서도 증류주는 단순히 마시는 즐거움을 넘어, 사람과 지역의 문화, 그리고 자연의 정수를 담아낸 특별한 술입니다. 증류주의 탄생은 화학적 원리와 장인 정신의 만남에서 이루어졌고, 오늘날 전 세계 각지에서 사랑받는 증류주들은 각각의 고유한 풍미와 이야기를 통해 사람들을 매료시킵니다.

증류주를 이해한다는 것은 단순히 술의 맛을 아는 것이 아닙니다. 이는 각 지역의 문화와 자연, 그리고 사람들의 이야기를 이해하는 과정입니다. 이 책은 증류주를 사랑하는 모든 이들에게 각 술의 매력과 세계를 새롭게 경험하는데에 도움이 될 것입니다.

자, 이제 한 잔의 술과 함께 증류주의 이야기를 따라 여행을 시작해 보세요.

한 방울의 탐험, 위스키 증류소와 나만의 술 이야기

위스키 (1) : 개론

기원

위스키는 세계에서 두 번째로 많이 소비되는 증류주입니다. 5세기경 아일랜드와 스코틀랜드에서 성직자들이 보리를 증류하여 약용으로 사용한 것이 기원으로 알려져 있습니다. 1494년 스코틀랜드의 세금 기록에 "Friar John Cor이 'aqua vitae'를 만들기 위해 보리 8볼을 샀다"라는 기록이 최초의 문서화된 증거로 남아 있습니다.

'aqua vitae'는 라틴어로 '생명의 물'이라는 뜻이며, 당시 말로 위스키를 뜻합니다. 이후 이 단어가 아일랜드와 스코틀랜드의 켈트인에 의해 'usquebaugh'로 변형됩니다. 이후 시간이 지나며 'whiskybae'가 되고, 18세기 무렵에는 스코틀랜드와 캐나다에서 Whishky, 아일랜드와 미국에서 Whiskey로 표기됩니다.

위스키 생산

국가마다 규정이 조금씩 다르긴 하지만 위스키의 주요 재료는 보리를 기본으로 하며 호밀, 옥수수, 밀 등을 추가하거나 대체합니다. 증류소의 성향에 따라 이탄을 태워 보리에 입히고, 그것을 발효하여 알코올을 생성, 증류하여 고도수의 원액을 만듭니다. 이후 오크 통에서 숙성 과정을 거치며 풍미가 깊어지면 비로소 위스키가 완성됩니다.

위스키의 번성

위스키의 세계적 인기는 다양한 요인에 기인합니다. 대영제국 시절, 영국의 군대가 세계 각지로 확산되며 자연스럽게 위스키가 유통되었고, 18~19세기에는 영국 식민지에서 위스키가 널리 소비되었습니다. 또한, 프리미엄 이미지와 다양한 칵테일 베이스로서의 활용성도 인기의 한 요인으로 평가됩니다.

또한 위스키 숙성은 굉장히 복잡한 문제여서 각 생산지의 고유한 기후와 제조 방식에 따라 다양한 맛과 향을 만들어내며, 이는 애호가들에게 큰 매력으로 다가옵니다. 가장 인기 있는 생산지는 3곳 정도로 추려집니다.

스코틀랜드 : 스카치 위스키로 유명합니다. 크게 싱글 몰트와 블렌디드로 나뉩니다.

미국 : 버번 위스키와 테네시 위스키의 생산지로, 옥수수를 주로 사용하는 것이 특징입니다.

일본 : 부드럽고 정갈한 맛으로 유명합니다. 산토리 사의 야마자키 증류소를 필두로 생산을 시작했습니다.

위스키 (2) : 스카치 위스키

　스카치 위스키는 스코틀랜드에 뿌리를 두고 있습니다. 위스키 생산의 역사가 긴 만큼 스코틀랜드 곳곳에서 위스키 생산이 이루어지고 있고, 그만큼 지역색도 강합니다.

　스카치 위스키만 공부해도 양이 어마어마하고, 즐길 거리도 넘쳐난답니다. 역사가 오래된 만큼 어마어마한 가격의 고숙성 위스키 제품도 많이 출시되고, 그만큼 고급이라는 인식이 있는 편입니다.

　스코틀랜드의 증류소들은 '글렌~' 형식인 곳이 많은데, 이는 게일어(스코틀랜드의 켈트족들이 사용하던 언어. 현재는 스코틀랜드와 캐나다만 사용)로 '~의 계곡'이라는 뜻입니다. 예를 들어 글렌피딕(glenfiddich)은 게일어로 '사슴의 계곡'이라는 뜻입니다. 좋은 품질의 물을 위해 증류소가 계곡 인근에 지어지다 보니 이런 이름이 붙었다고 하네요.

　지역 문화에 자부심이 강한 스코틀랜드의 모습을 단적으로 보여 준다고 할 수 있죠.

　전통을 지켜내기 위해 스카치 위스키는 영국법에 의해 엄격하게 정의

되고 보호됩니다. 현행 영국법상 스카치 위스키의 정의는 아래와 같습니다. (2009년 개정본)

1. 몰트부터 숙성까지 모든 과정이 스코틀랜드의 증류소에서 이루어져야 한다.
2. 밑술은 보리 혹은 기타 곡물과 물과 효모만을 사용하여야 한다.
3. 700리터 이하의 오크 통에서 3년 이상 숙성되어야 한다.
4. 증류원액의 도수는 94.8% 이하여야 하며 원재료의 향과 풍미가 살아있어야 한다.
5. 증류원액에 물과 캐러멜 색소 이외에는 어떤 첨가물도 들어가서는 안 된다.
6. 병입 시 도수는 40% 이상이어야 한다.

스카치 위스키는 크게 5가지로 분류되며, 이 역시 영국법에 의해 엄격하게 정의되고 보호됩니다.

- 싱글 몰트 스카치 위스키 : 한 증류소에서 보리만을 이용해 증류한 위스키입니다. 이때 증류는 구리로 된 단식 증류기만을 사용해야 합니다. 맛의 균형을 잡기 어렵다는 단점이 있지만 증류소의 개성이 확실하게 드러나기에 근 십수 년간 큰 인기를 얻고 있습니다.
- 싱글 그레인 스카치 위스키 : 한 증류소에서 보리 외에 다른 곡물까지 이용해 증류한 위스키입니다. 보통은 연속 증류기를 사용합니다. 산업 혁명 시기에 적은 비용으로 많은 양의 위스키를 생산하기 위해 탄생했던 제품군으로 알려져 있으며, 오늘날에는 정규 제품

을 찾기가 아주 어려운 것으로 알고 있습니다.

- 블렌디드 몰트 스카치 위스키 : 서로 다른 증류소의 싱글 몰트를 섞은 것입니다. 이렇게 여러 증류소의 원액을 섞으면 복잡하고 균형 잡힌 맛을 연출할 수 있습니다.
- 블렌디드 그레인 스카치 위스키 : 서로 다른 증류소의 싱글 그레인을 섞은 것입니다. 마찬가지로 오늘날에는 드문 케이스입니다.
- 블렌디드 스카치 위스키 : 서로 다른 증류소의 싱글 몰트와 싱글 그레인을 섞은 것입니다.

이외에도 스코틀랜드는 지역마다 생산하는 위스키의 특징이 달라집니다. 크게 5군데로 나눠집니다.

- 스페이사이드(Speyside) : 달콤하고 과일 향이 강한 위스키로 유명합니다. '위스키의 심장'이라고 불릴 만큼 비옥한 토지와 더불어 위스키 생산에 최적화된 환경을 갖고 있습니다. 맥캘란, 발베니, 글렌피딕 등 유명 증류소들이 많이 자리 잡고 있습니다.
- 하이랜드(Highlands) : 이름처럼 해발고도가 높은 고지대입니다. 그러다 보니 날씨가 변덕스럽기로 유명합니다. 눈에 띄는 특징을 찾기는 쉽지 않지만 미네랄이 함유된 물이 풍부하여 좋은 향을 가진 위스키가 생산되는 것으로 알려져 있습니다. 대표적으로 하이랜드 파크가 이곳에서 생산되는 위스키입니다.
- 로우랜드(Lowlands) : 해발고도가 낮은 저지대입니다. 글래스고 등 대도시가 위치해 있어 인구가 많다 보니 역으로 증류소가 거의

없습니다. 그나마 있는 증류소도 굉장히 마이너하고 오켄토션만이 겨우 알려져 있습니다.

- 아일라 섬(Islay) : 1년 내내 습하고 온화한 기후를 자랑하는 지역입니다. 대규모 늪지대가 형성되어 있어 질 좋은 이탄을 채취하는 데에 유리합니다. 강한 이탄 향과 바닷바람 냄새가 특징적입니다. 충성심 높은 팬층을 거느린 증류소가 많으며, 대표적으로 보모어와 라가불린이 이곳에 있습니다.

- 캠벨타운(Campbeltown) : 짭조름하고 스모키한 특징을 가집니다. 스페이사이드와 마찬가지로 위스키 생산에 최적이라고 알려진 곳입니다. 관계자에 따르면 19세기까지만 해도 '위스키의 수도'라고 불릴 정도로 증류소가 많았지만, 20세기와 함께 찾아온 위스키 산업의 암흑기 동안 무분별한 대량생산에 따른 품질 저하로 시장에서 외면당해 대부분이 문을 닫았다고 합니다. 현재 운영되는 증류소는 한 손으로 꼽을 정도이며 대표적으로 스프링뱅크가 있습니다.

한 가지 재미있는 점은, 지질학적으로 스페이사이드, 캠벨타운, 아일라 섬의 지질학적 성분이 같아 토양과 물의 성분이 유사하다는 것입니다. 세 지역이 과거와 현재 위스키로 번성하는 것에는 이유가 있는 것 같습니다.

또한 스카치 위스키는 오크 통을 재사용한다는 특징을 가집니다. 이는 영국법에 명시된 오크 통 규정이 거의 없기 때문인데, 증류소 관계자에 의하면 위스키를 숙성할수록 오크 통의 두께가 얇아져 4회 정도가 한

계라고 합니다.

　그런 이유로 스코틀랜드의 증류소는 여건만 된다면 특이한 오크통을 찾는 일에 많은 관심을 보입니다. 현재는 스페인의 셰리 와인을 숙성한 오크 통에 숙성한 위스키가 큰 인기를 끌고 있습니다.

위스키 (3) : 버번 위스키

버번! 그 강렬한 맛을 알게 된다면 섬세하고 연약한 스카치로는 돌아가지 못할 수도 있습니다. 위스키 그 세 번째 이야기에서 다룰 내용은 바로 미국의 버번 위스키입니다.

버번의 기원

미국의 초기 이민자들은 신대륙으로 건너가서도 위스키를 만들어 먹었습니다. 하지만 미국 동부 해안 지역에서는 보리 재배가 어려웠습니다. 반면 호밀은 추운 기후와 빈약한 토양에서도 잘 자랄 수 있어, 호밀을 이용한 위스키 증류가 가능했습니다. 그렇게 펜실베이니아와 메릴랜드 지역에서는 호밀을 주로 사용한 위스키가 생산되었고, 초창기 미국 위스키의 주류가 되었습니다.

18세기 후반 켄터키에서 버번 위스키는 시작되었습니다. 켄터키에 정착한 이민자들은 이 지역에서 흔히 재배되는 옥수수를 활용해 위스키를 만들기 시작했습니다. 켄터키의 석회암이 풍부한 물 또한 고품질의 위스키 생산에 기여했습니다. 초기 위스키 제조자들은 이들은 기존의 호밀 기반 위스키를 옥수수 기반으로 변형시켰습니다.

버번의 어원

버번이라는 이름의 유래는 명확하지 않지만, 두 가지 주요 이론이 있습니다. 첫 번째는 켄터키 주 버번 카운티에서 유래했다는 설입니다. 이 카운티는 프랑스 왕실의 부르봉 가문을 기리기 위해 명명되었습니다. 두 번째 이론은 뉴올리언스의 부르봉 스트리트에서 유래했다는 설입니다. 이 두 지역 모두 프랑스 부르봉 왕가와 관련이 있습니다.

미국법상 버번 위스키의 정의

미국 연방 규정 27 CFR § 5.22에 따르면, 버번 위스키는 다음과 같은 요건을 충족해야 합니다.

옥수수 함량 : 최소 51%의 옥수수를 포함해야 합니다.

숙성 : 새 오크 통에서 최소 2년 이상 숙성되어야 합니다.

증류 도수 : 증류 시 알코올 도수는 80% 이하여야 하며, 병입 시 최소 40%의 알코올 도수를 유지해야 합니다.

첨가물 : 인위적인 색소나 향료는 허용되지 않습니다

지역에 상관없이 위 규정만 따르면 버번 위스키라는 명칭을 붙일 수

있습니다. 하지만 이유는 몰라도 버번위스키의 90%는 켄터키 주에서 생산된다고 하네요.

파생제품

문샤인(Moonshine): 불법적으로 제조된 증류주가 시초로 알려져 있습니다. 밀주다 보니 숙성까지 할 여유가 없었고, 현대에는 숙성하지 않은 투명한 위스키를 의미하게 되었습니다.

테네시 위스키(Tennessee Whiskey): 테네시 주에서 생산되며, 링컨 카운티 공정(Lincoln County Process)이라 불리는 메이플 숯으로 여과하는 과정을 거칩니다. 추가적인 여과 과정을 통해 부드러운 맛을 더한 이 위스키는 버번 위스키와의 차별화를 위해 '테네시 위스키'로 이름을 바꿉니다. 2013년 테네시 주 법에 따라 테네시 위스키는 반드시 테네시 주에서 생산되고 링컨 카운티 공정을 거쳐야 합니다.

하지만 아이러니하게도 테네시 주는 지나친 위스키 생산으로 인해 군수 물자로 보낼 곡물이 부족해져 남북전쟁 당시 미국 최초의 금주법이 발효되기도 했습니다.

아직 버번을 맛보지 못했다면 한 번 입문해 보길 권장합니다.

한 방울의 탐험. 위스키 증류소와 나만의 술 이야기

위스키 (4) : 재패니즈 위스키

앞선 두 생산지에 비하면 일본은 비교적 신생에 해당하는 생산지입니다. 스카치 위스키의 영향을 굉장히 많이 받았으며, 부드럽고 정갈한 맛으로 명성이 높습니다. 이 글에서는 재패니즈 위스키에 관해 알아보도록 하겠습니다.

재패니즈 위스키의 기원, 야마자키

재패니즈 위스키의 기원은 1923년, 코토부키야의 사장 토리이 신지로(鳥井 信治郎)가 일본 최초의 몰트 위스키 증류소인 야마자키 증류소를 설립하면서 시작되었습니다. (이후 코토부키야는 일본 굴지의 주류기업 산토리로 거듭납니다)

야마자키 증류소 설립의 핵심은 타케츠루 마사타카(竹鶴 政孝)라는 인물로, 양주 회사인 셋쓰주조에 입사한 후 사장의 권유로 스코틀랜드로 유학을 떠나 글래스고 대학에서 화학을 전공합니다. 헤이즐번(Hazelburn)

증류소의 책임자를 역임한 그는 현지인 여성과 결혼 후 1920년 일본에 귀국해 셋쓰주조에 복귀합니다. 하지만 셋쓰주조는 계속된 경영난으로 가짜 양주까지 만들어 팔고 있는 상황이었고, 타케츠루는 1922년 회사를 떠나 화학을 가르치며 생계를 유지합니다.

 타케츠루는 셋쓰주조에서의 활약으로 이미 업계에 명성이 높은 사람이었습니다. 그가 셋쓰주조를 떠났다는 소식을 들은 신지로는 당시 대졸 신입사원 연봉의 8배를 부르며 그를 영입해 옵니다. 당시 코토부키야에는 싱글몰트에 사용하는 단식증류기에 관한 지식을 가진 사람이 전혀 없었기 때문에 증류소의 위치 선정, 설계부터 건설까지 대부분을 타케츠루가 책임졌다고 알려져 있습니다.

 1929년 야마자키 증류소의 첫 제품인 Suntory White Label이 출시되었으나 상업적 성공은 거두지 못했습니다. 이후 신지로와의 대립으로 타케츠루가 1933년 퇴사하고 1937년 몰트위스키와 연속식 증류기로 만든 주정에 일본제 아카다마 포트와인을 블렌딩한 '가쿠빈'이 대 흥행하며 성공 가도를 달립니다. (코토부키야에서 퇴사한 타케츠루는 북해도에서 훗날 닛카 증류소가 되는 대일본과즙을 설립합니다)

 1962년 신지로가 세상을 떠난 후, 1963년 코토부키야는 맥주 산업에 진출하며 위스키 상표명인 '산토리'로 사명을 변경합니다. 이후 1984년 '야마자키', 1986년 '야마자키 12년' 싱글몰트 위스키를 출시하고 위스키 제조사로서 역사를 쌓게 됩니다.

재패니즈 위스키의 정의

2021년 4월 1일 일본 스피릿 & 리큐어 메이커스 협회(Japan Spirits & Liqueurs Makers Association)는 '재패니즈 위스키' 라벨을 붙일 수 있는 위스키 기준을 설정했습니다. 법적인 효력은 없지만 일본 위스키 업계는 자율적으로 규정을 지켜나가고 있습니다.

1. 일본에서 발효, 증류, 숙성 및 병입 되어야 합니다.
2. 보리를 포함해야 하며, 기타 곡물도 포함될 수 있습니다.
3. 사용되는 물은 일본에서 추출된 것이어야 합니다.
4. 최소 3년 동안 나무 통(700리터 이하)에서 숙성되어야 합니다.
5. 병입 시 알코올 도수는 최소 40%이어야 합니다

근 수년 동안 급격한 인기의 비결

재패니즈 위스키는 최근 몇 년간 급격한 인기를 끌었습니다. 그 이유 중 하나는 일본 드라마 〈맛상(マッサン, 2014)〉의 영향입니다. 〈맛상〉은 니카 위스키 창립자 타케츠루 마사타카와 그의 스코틀랜드 출신 아내 리타의 삶을 바탕으로 한 드라마로, 일본 위스키의 역사와 그들의 사랑 이야기를 다루고 있습니다. 드라마는 큰 인기를 끌며 일본 내 위스키에 대한 관심이 급증했습니다.

드라마의 영향으로 일본 여성들 사이에서도 위스키의 인기가 높아졌으며, 이는 전통적으로 남성 중심의 음료였던 위스키의 소비층을 확대하는 데 기여했습니다.

또한, 같은 시기에 야마자키 싱글 몰트 셰리 캐스크 2013이 '세계 최고의 위스키'로 선정되면서 국제적인 관심도 높아졌습니다. 이러한 요소들이 결합되어 재패니즈 위스키는 전 세계적으로 큰 인기를 끌고 있습니다.

위스키 (5) : 위스키 생산공정

앞선 내용에서는 위스키의 기본적인 정보와 유명 생산지들의 기원과 특징에 관해 다루었습니다. 이 글에서는 스카치 위스키의 생산공정에 대해 가능한 한 자세히 다루려고 합니다.

스카치 위스키는 다음과 같은 주요 단계로 생산됩니다.

1. 몰팅 (Malting)

가장 먼저 곡물의 전분을 당으로 변화시켜야 하므로 보리에 싹이 나도록 주기적으로 찬물에 담급니다. 보리는 싹이 날 때 새싹에 영양분을 공급하기 위해 전분을 당으로 변화시키는데, 이것을 발아라고 부릅니다.

보리를 발아시키기 위해서는 수분뿐만 아니라 산소 역시 필요한데, 이때 적절한 온도와 산소 공급을 위해 물에서 꺼내놓습니다. 전통적인 방법을 고수하는 하이랜드 파크나 스프링뱅크 같은 곳은 바닥(Malt Floor)에 깔아놓고 쟁기나 삽 같은 도구를 이용해 직접 보리를 섞어줍니다. 이 과정에서 식물의 호흡에서 발생하는 열과 이산화탄소가 배출되고 산소가 공급되기 때문에 보리의 발아에 매우 중요합니다.

발아된 보리는 건조(Kilning)하여 몰트(Mal =맥아, 엿기름)를 만듭니다.

물론 이런 전통적인 방법을 고수하는 증류소는 (여유가 있는) 소수의 증류소 뿐입니다. 대부분 증류소들은 기계를 사용하는 전문적인 몰트 제조사에서 몰트를 사 오는 방식을 채택하고 있습니다.

1-1. 피트(Peat)

위스키에 타는 재 냄새나 약품 냄새를 의도하는 증류소들은 이 작업에서 피트(Peat=이탄)를 입히는 과정을 추가합니다. 보통 두 가지 경우로 갈리는데, 보리를 불릴 때 물에 이탄을 섞어 입히는 경우와 발아시켜 말릴 때 이탄을 태운 연기로 입히는 경우입니다.

피트는 위스키에서 향신료와 같은 역할을 하며, 위스키 제작에서도 당당히 한 자리를 차지합니다.

2. 매싱 (Mashing)

건조된 몰트는 제분기에 분쇄됩니다. 이때 분쇄된 몰트는 Grits, Husk, Flour의 3가지 형태로 존재하게 됩니다.

분쇄된 몰트는 매시톤에 넣어져, 뜨거운 물에 당이 녹아 나옵니다. 이 혼합물은 워트(wort)라는 당분이 풍부한 액체를 생성합니다. 워트는 매시톤의 바닥에서 분리되고, 남은 곡물 찌꺼기인 드래프(Draff)는 인근 농장의 동물 사료로 사용됩니다.

3. 발효 (Fermentation)

워트는 워시백이라는 발효 탱크로 펌핑 되고, 여기에 효모를 추가합니다. 효모는 당을 알코올로 변환시키며, 이 과정은 보통 48시간에서 96시간 정도 걸립니다.

발효된 액체는 워시(wash)라고 불리며, 약 8-10%의 알코올을 포함한 맥주와 비슷한 액체입니다.

4. 증류 (Distillation)

발효된 워시는 구리로 만든 워시 스틸에 넣어 첫 번째 증류를 거칩니다. 이 과정에서 알코올과 기타 휘발성 물질이 분리됩니다. 첫 번째 증류를 통해 생성된 저도주(low wines)는 약 20%의 알코올을 포함하며, 이 저도주는 두 번째 증류를 위해 스피릿 스틸로 옮겨집니다. 두 번째 증류에서 중간 추출물(heart of the run)만을 모아서 최종적으로 약 70%의 알코올을 포함한 순수한 스피릿을 얻습니다. (이 수치는 증류소마다 다릅니다)

이때 증류기의 용도에 따라 상단의 꺾이는 부분(Swan neck)의 각도가 달라집니다. 이것 또한 증류의 특성을 생각하면 이해가 편합니다.

Arm이 위로 솟을 경우 중력에 의해 알코올 증기는 느리게 올라갑니다. 따라서 천천히 냉각되어 부드러운 질감의 고도수 증류주를 얻을 수 있습니다. Arm이 아래로 내려가는 경우 턱을 넘은 알코올 증기가 빠르게 냉각되며 떨어지므로 거친 질감의 (비교적) 낮은 도수를 가진 증류주를 얻을 수 있습니다. 다만 청소가 용이하지 않다는(…) 단점이 존재합니다.

단식 증류기는 형태에 따라 크게 양파형, 보일 볼형, 랜턴형으로 나뉘어지며 형태에 따라 알코올이 빠져나가는 경로가 달라지므로 풍미에 영향을 미칩니다. 다만 증류기는 증류소의 취향에 따라 맘대로 만드는 경향이 더 강하기 때문에 이 정도는 신경쓰지 않아도 좋습니다.

모든 증류소는 구리로 된 증류기를 사용하는데, 증류 과정에서 구리는 중요한 역할을 합니다. 구리는 황화합물을 제거하여 위스키의 맛을 개선합니다. 구리와의 접촉 시간이 길수록 위스키는 더 가벼운 맛을 가지게 됩니다.

증류 후 잔여물은 보통 폐기되지만 글렌파클라스와 글렌고인 증류소는 특이하게도 이것을 친환경 연료로 사용합니다.

4-1. 미들 컷(Middle Cut)

증류되어 나오는 증류주(Spirit)는 크게 초류(Head), 중류(Heart), 후류(Tail)로 나뉩니다. 이 중 중류만을 사용합니다.

이유는 끓는점을 이해하면 쉽게 이해할 수 있습니다. 워시는 효모에 의해 발효된 액체이므로 인체에 해로운 메탄올 등의 불순물이 섞여 있습니다. 메탄올은 에탄올보다 끓는점이 낮기 때문에 먼저 증류됩니다. 따라서 초류는 추출 후 폐기합니다. 또한 증류기 내 온도가 높아지면 에탄올 보다 끓는점이 높은 다른 성분이 추출될 수 있지요.

따라서 후류는 추출 후 다시 증류기에 넣어서 재사용합니다. 이렇게 초류와 후류를 제거하고 남는 중류를 가장 이상적인 맛으로 판단하고 다음 과정으로 넘깁니다.

이때 증류기 내부에서 증류되는 도수를 측정하기가 힘들기 때문에 현지 종사자들은 증류기 내부 온도를 기준으로 이것을 구분합니다. 증류를 잡는 기준온도는 증류소마다 천차만별이기 때문에 어느 정도로 선을 잡는지는 넘어가도록 하겠습니다.

4-2. 단식 증류기와 연속 증류기의 차이

싱글몰트 위스키를 만들 때에는 구리로 된 단식 증류기를 사용하도록 영국법에 명시되어 있습니다. 이외에는 보통 연속증류기를 사용하죠. 어떤 차이가 발생하는 것일까요? 잠시 알아보고 넘어가도록 합시다.

단식 증류기(Pot Still)

큰 냄비 모양의 하부 공간으로 구성되며, 가열되면 알코올 증기를 발생시킵니다. 증기는 긴 목을 통해 상승하여 냉각 코일로 이동하며 증류액을 생산합니다. 한 번에 한 배치씩 증류하기 때문에 비효율적이고, 각 배치 후 청소 및 재충전이 필요합니다. 증류액이 구리와 상호작용하고 증류기가 기타 성분들을 잘 모아 풍부하고 복합적인 향과 맛을 가진 증류주를 생산합니다.

연속 증류기(Column Still)

연속 증류기는 높고 수직으로 배열된 여러 개의 공간을 가진 기둥 형태입니다. 각 공간은 증기와 액체를 분리하는 역할을 하며, 알코올 증기는 기둥의 상단으로 상승하고 불순물은 하단으로 떨어집니다. 지속적으로 발효된 매시를 공급받고 증류주를 생산합니다. 효율성이 높고 자동화가 용이합니다. 일반적으로 보드카, 진, 일부 럼 및 버번과 같은 깨끗하고 중립적인 맛의 증류주에 사용됩니다. 종종 풍부한 맛을 가진 증류주를 만들기 위해 사용되기도 합니다.

5. 숙성 (Maturation)

증류된 스피릿은 오크 통에 담겨 숙성됩니다. 이 과정에서 위스키는 오크 통에서 색과 풍미를 흡수하며, 알코올의 일부가 증발합니다(Angel's Share). 버번 위스키는 숙성할 때 특수한 환경에 놓이기 때문에 오히려 수분이 증발하여 도수가 높아집니다. 대부분의 싱글 몰트 위스키는 8년에서 12년, 혹은 그 이상 숙성됩니다.

10년 이상씩 숙성하다 보니 자연스럽게 위스키는 오크 통의 영향을 많이 받는데요. 유럽산과 미국산으로 목재의 스타일이 갈라집니다.

이는 유럽과 미국의 환경에 따른 차이인데, 미국에서 자라는 나무는 유럽에서 자라는 나무보다 빠르게 자란다고 하네요. 보편적으로 유럽산 나무로 만든 오크 통에서 숙성하면 색이 더 진하며 복잡한 향이 나고, 미국산 나무로 만든 오크 통에서 숙성하면 달콤한 향이 나는 것으로 알려져 있습니다.

6. 블렌딩 (Blending)

　오크통에서 나온 위스키는 병입 전 물을 섞어 도수를 맞춰야 합니다. 이 작업의 목적은 40%라는 도수를 맞추는 데에 있는 것이 아니라 위스키의 풍미를 가장 잘 느낄 수 있게 맞추는 데에 있습니다. 서로 다른 원액을 섞어 최적의 맛을 찾아내는 등 제품으로 내놓기 전 가장 마지막으로 하는 조정입니다.

위스키 (6) : 캐스크 이야기

위스키 이야기 그 마지막 장에서는 앞선 문서에서 못다 한 이야기를 하려고 합니다. 바로 캐스크 숙성입니다.

캐스크(Cask)는 와인, 맥주, 위스키 등 액체를 저장하고 운반하는 데 사용되는 나무 통을 의미합니다. 이는 라틴어 "cascus"에서 시작되었습니다. "cascus"는 나무로 만든 용기를 의미하며, 시간이 지나면서 다양한 언어와 문화에서 유사한 의미로 사용되었습니다. 이후 중세 영어 "caske"로 변형되며 현대에 이르러 "cask"로 자리 잡습니다.

위스키를 오크 통에 숙성시키는 전통은 19세기 초에 시작되었습니다. 1820년대에 버번 생산자들이 처음으로 오크 통 내부를 태워 숙성시키는 방식을 도입하면서, 오늘날의 위스키 숙성 방식이 자리 잡게 되었습니다. 초기에는 스코틀랜드의 증류주들이 비교적 신선한 상태로 소비되었으며, 오크 통은 단지 저장 용도로만 사용되었습니다. 그러나 19세기 중반 필록세라 사태로 인해 코냑 공급이 부족해지면서 유럽 전역에서 세리와 같은 대체 주류가 인기를 끌기 시작했습니다.

이 시기 동안 스페인 셰리 산업은 번성했지만, 셰리 수출에 사용된 오크 통을 다시 스페인으로 돌려보내는 것은 경제적으로 비효율적이었습니다. 이에 따라 스코틀랜드의 증류주 제조업자들은 저렴한 가격에 사용된 셰리 오크 통을 구입하여 위스키를 숙성시키기 시작했습니다. 이러한 숙성 방식은 위스키의 맛과 향을 크게 개선하며, 스코틀랜드 위스키 산업에 중요한 전환점을 가져왔습니다.

이후 오크통은 스코틀랜드 위스키 산업에 큰 비중을 차지하게 되었습니다. 위스키 제조사들은 가능한 다양한 오크 통을 확보하려 노력하죠. 이러한 오크통은 생산지가 각각 다르기 때문에 규격 또한 다르고, 따라서 명칭도 달라집니다. 다음은 스코틀랜드 위스키 업계에서 주로 사용하는 오크 통 종류와 특징입니다.

1. Barrel(배럴)

지역: 미국

재료 : 아메리칸 화이트 오크(Quercus alba)

용량 : 약 200리터

주로 버번위스키 숙성에 사용된 오크 통입니다. 현지 관계자에 따르면 왜인지는 알 수 없지만 볼트에 제작 증류소의 약자가 새겨져있다고 합니다. 버번 위스키는 법적으로 새 오크 통만 사용해야 하기 때문에 사용한 오크 통은 이렇게 스코틀랜드로 수출(…) 됩니다.

2. Hogshead(호그스헤드)

지역 : 영국(불확실)
재료 : 아메리칸 화이트 오크가 대부분
용량 : 약 250리터

배럴을 분해하고 다른 참나무 판과 짜 맞춰 크기를 키운 오크 통입니다. 한 번 사용한 오크 통을 사용합니다.

3. Butt(버트)

지역 : 스페인
재료 : 유러피안 오크(Quercus robur)
용량 : 약 500리터

스페인 셰리와인 숙성에 사용된 오크 통입니다. 근 수십 년간의 셰리 위스키 인기로 인해 수요가 많은 오크 통이기도 합니다.

4. Quarter Cask(쿼터 캐스크)

지역 : 미국&영국
재료 : 보통은 아메리칸 화이트 오크
용량 : 약 50리터

용량이 아주 작아 증류주 분자가 나무와 닿는 빈도가 많아집니다. 따라서 굉장히 빠른 숙성이 이루어집니다. 보통 숙성 마무리 단계에만 잠

깐 사용한다고 합니다.

5. Barrique(바릭)

지역 : 프랑스

재료 : 유러피안 오크(Quercus petraea)

용량 : 약 225리터

프랑스 와인 숙성에 사용된 오크 통입니다. 미세한 탄닌의 쌉싸름한 맛과 풍부한 향을 더해주는 것으로 알려져 있습니다.

6. Puncheon(펀천)

지역 : 다양함

재료 : 다양함

용량 : 약 500리터

럼, 셰리, 스카치 위스키까지 폭넓게 사용됩니다.

7. Port Pipe(포트 파이프)

지역 : 포르투갈

재료 : 유러피안 오크

용량 : 약 550리터

포르투갈의 포트와인 숙성에 사용된 오크 통입니다.

8. Madeira Drum(마데이라 드럼)

지역 : 포르투갈 마데이라 섬

재료 : 유러피안 오크

용량 : 약 600리터

포르투갈의 마데이라 와인 숙성에 사용된 오크 통입니다.

위스키는 오크 통에서 많게는 수십 년의 세월을 기다립니다. 그 시간 동안 위스키에 가장 영향을 많이 미치는 것은 오크 통이 머금은 성분, 나무의 재질, 온도, 습도입니다. 보편적으로 버번과 스카치의 스타일로 갈리기 때문에 두 위스키의 숙성 방법을 중심으로 설명하겠습니다.

나무는 세포로 이루어져 있으므로 철판이나 돌처럼 내부를 바깥으로부터 차단하는 것과는 조금 거리가 있습니다. 오크 통은 업계 종사자들 사이에서 '숨을 쉰다'라고 표현될 만큼 내부와 외부의 교환이 어느 정도 이루어집니다. 이때 증발하는 알코올과 수분을 천사가 와서 마신다고 하여 보통 '천사의 몫(Angel's Share)'이라고 부릅니다.

증발 현상은 온도, 습도, 공기와의 접촉 양에 따라 정도가 달라집니다. 이 중 온도와 공기의 흐름은 에탄올과 물에 동시에 영향을 미치지만 물은 습도의 영향 또한 받습니다. 주변의 습도가 높으면 공기 중 수분 가용량이 줄어 물의 증발이 덜 일어나게 됩니다.

스코틀랜드의 대부분 증류소는 층계가 낮고 돌로 된 건물에 창문이 작아 외부의 열과 공기를 최대한 통제합니다. 이로 인해 증발이 최대한 억

제되지요. 이 경우 알코올이 물보다 많이 증발해 시간이 지날수록 도수가 낮아진다고 합니다.

반대로 버번의 대부분을 차지하는 켄터키 주의 증류소들은 층계가 높고 창문이 많은 나무 건물에서 위스키를 숙성시킵니다. 이 경우 증발이 빠르게 진행되어 버번 위스키는 20년 이상 숙성시킨 제품을 찾아볼 수가 없습니다(실제로 17년 정도 숙성하면 원액의 90%가 증발한다고 하네요). 한 가지 특이한 것은 켄터키는 습도가 굉장히 낮아 물의 증발이 에탄올보다 활발히 일어나기 때문에 시간이 지날수록 도수가 높아진다고 합니다.

이렇게 숙성에는 굉장히 많은 변수가 있고 위스키 맛에 지대한 영향을 끼치기 때문에 증류소에서도 굉장히 신중하게 고민하게 됩니다.

진 (1) : 개론

진은 그 강렬한 향으로 인해 호불호가 조금 갈리는 증류주입니다. 은은한 개성으로 칵테일 재료로 탁월한 모습을 보여 수많은 칵테일의 기주로 선택되기도 하죠. 증류주 이야기의 두 번째 순서는 바로 진입니다.

진의 어원

진(Gin)은 네덜란드어 "jenever"에서 유래된 단어로, 프랑스어 "genièvre"와 관련이 있으며 모두 라틴어 "juniperus"에서 파생된 용어입니다. 이는 진의 주요 재료인 주니퍼 베리(노간주나무 열매)에서 그 이름이 유래되었습니다. 13세기 네덜란드와 플랑드르 지역에서 의약품으로 개발된 것이 기원으로 알려져 있습니다.

기원

진의 기원에 대한 논쟁은 네덜란드와 영국 사이에서 존재해왔습니다. 네덜란드는 16세기에 제네버(Genever)를 발명했다고 주장하며, 이는 주로 의약 목적으로 사용되었습니다. 반면, 영국은 17세기 후반 네덜란드와의 전쟁 중 네덜란드 군인들이 제네버를 마시는 것을 보고 이를 도입해 '진'으로 발전시켰다고 주장합니다. 이 논쟁은 명확한 결론을 내리지 못했지만, 두 국가 모두 진의 발전에 중요한 역할을 했다는 것은 분명합니다.

정의

진의 생산과 라벨링에 대한 규범은 다양한 국가와 단체에 의해 규제됩니다. 유럽 연합(EU) 규정 2019/787에 따르면, 진은 주니퍼 베리로 향을 낸 에틸알코올로 만들어지며, 최소 알코올 도수는 37.5% 이상이어야 합니다. 미국의 경우, 진은 최소 40% 알코올 도수를 가져야 하며, 주니퍼 향이 지배적이어야 합니다.

대표적인 진의 종류는 런던 드라이 진, 플리머스 진, 제네버가 있으며 각각 다음과 같이 제조됩니다.

런던 드라이 진 (London Dry Gin)

반드시 투명해야 한다는 규정이 있으며, 오늘날 진 업계의 주류입니다. 드라이하고 깔끔한 맛이 특징입니다.

- **중립 알코올**: 최소 96% 알코올 도수의 농업 기원 에틸알코올을 사용합니다.
- **식물성 재료**: 주니퍼 베리, 코리앤더, 앤젤리카 뿌리 등의 다양한 식물성 재료를 첨가하여 증류합니다.
- **증류 과정**: 모든 향은 증류 과정에서만 추가되며, 증류 후에는 물과 소량의 설탕 외에는 어떤 첨가물도 사용할 수 없습니다.

플리머스 진 (Plymouth Gin)

플리머스 진은 영국 플리머스에서만 생산될 수 있으며, 특정한 규정을 따릅니다. 주니퍼 맛이 더 적고 부드러운 경향을 가지며, 50도 정도에서 도수를 형성합니다.

- **중립 알코올**: 고품질의 중립 알코올을 사용합니다.
- **식물성 재료**: 주니퍼 베리, 코리앤더, 카다멈, 오렌지 껍질 등의 재료를 첨가합니다.
- **증류 과정**: 한 번에 모든 재료를 함께 증류하여 풍부한 맛을 만들어 냅니다.

제네버 (Genever)

제네버는 네덜란드와 벨기에서 주로 생산되며, 몰트 와인과 주니퍼 베리를 사용합니다. 강렬한 몰트 향이 특징적입니다.

한 방울의 탐험. 위스키 증류소와 나만의 술 이야기

- **몰트 와인**: 주로 보리와 다른 곡물로 만든 몰트 와인을 사용합니다.
- **식물성 재료**: 주니퍼 베리와 기타 향신료를 추가합니다.
- **증류 과정**: 몰트 와인과 식물성 재료를 함께 증류한 후 오랜 기간 숙성시킵니다.

대중적 성공의 이유

이렇게 다양한 모습으로 우리 앞에 나타나는 진은 여러 역사적 배경을 통해 대중적인 성공을 거둘 수 있었는데요, 굵직한 배경들은 아래와 같습니다.

진과 영국 해군

진과 영국 해군의 관계는 17세기 후반에 시작되어 20세기까지 이어졌습니다. 영국 해군은 항해 중 질병 예방과 사기 진작을 위해 진을 사용했으며, 이는 특히 '네이비 스트렝스 진'이라는 높은 도수의 진을 통해 나타났습니다. 네이비 스트렝스 진은 최소 57.1%의 알코올 도수를 가지고 있으며, 이는 진이 제대로 된 품질을 가지고 있는지 확인하기 위해 화약과 혼합해 불을 붙이는 '프루핑' 테스트를 통과해야 했기 때문입니다.

이외에도 많은 위스키 증류소들이 진 생산을 병행하며 진의 대중화에 기여하고 있습니다.

전 세계에는 다양한 브랜드의 진이 소비되고 있습니다. 이 중 특이한 브랜드를 몇 가지 찾아낼 수 있는데, 바로 위스키 생산자들입니다. 실제로 많은 위스키 증류소들이 진 생산을 병행하고 있고, 거대 기업화된 증류소는 반드시라고 해도 좋을 만큼 이 방식을 차용합니다. 전통적인 위스키 생산자들이 어떻게 진 생산에까지 진출하게 된 것일까요? 이 글에서는 위스키 증류소들의 진 생산에 관해 알아보겠습니다.

위스키 증류소가 진 생산을 병행하는 이유

경제적 이점

위스키를 만드는 데는 오랜 시간이 걸리지만, 진은 상대적으로 짧은 시간 안에 생산할 수 있습니다. 따라서 진을 생산하면 추가적인 수익을 창출할 수 있고, 생산 라인의 효율성도 극대화할 수 있습니다. 위스키가 숙성되는 동안 진을 생산해 수익을 올리는 방식입니다.

소비자 트렌드 변화

최근 몇 년간 진의 인기가 크게 상승했습니다. 독특한 향과 맛, 다양한 칵테일 레시피 덕분에 많은 사람들이 진을 찾고 있습니다. 이러한 변화에 맞춰 증류소들은 다양한 주류를 제공하여 소비자의 요구를 충족시키고 있습니다.

기술적 유사성

위스키와 진은 기본적으로 증류 과정에서 많은 유사성을 가집니다. 두 주류 모두 발효된 액체를 증류하여 알코올을 추출하는 과정을 거칩니다. 위스키의 경우, 발효된 곡물 혼합물을 증류한 후 오크 통에 숙성시키는 반면, 진은 중성 알코올에 다양한 식물성 재료를 더해 증류합니다. 진의 경우, 증류 중에 식물성 재료의 향을 더하기 위해 '증기 주입(Vapor Infusion)' 방식을 사용하기도 하는데, 이것도 그렇게 어려운 일이 아니라고 합니다.

포트폴리오 다양화

한 가지만 생산하면 그 분야의 전문가라는 인식은 얻을 수 있겠지만 그 인식이 고착화될 가능성이 있습니다. 대형 증류소의 경우 생산제품의 다양화를 통한 자체적인 생태계 조성을 목표로 진을 생산하기도 합니다.

유명한 위스키 증류소의 진 제품

Bruichladdich 증류소 - 보타니스트(The Botanist Gin)

브룩라디 증류소는 스코틀랜드의 아일라 섬에 위치한 위스키 증류소로, The Botanist Gin을 생산합니다. 이 진은 22가지의 현지 허브와 식물을 사용해 만들어지며, 이름처럼(Botanist : 식물학자) 식물원에 온 것 같은 복합적이면서도 깔끔한 맛을 자랑합니다.

Glenfiddich 증류소 - 헨드릭스(Hendrick's Gin)

글렌피딕 증류소는 위스키로 유명하지만, 2000년부터 생산한 Hendrick's Gin 역시 주목받고 있습니다. 이 진은 오이와 장미를 사용해 독특한 향과 맛을 구현해냈습니다. 특유의 병 디자인도 인상적입니다.

Ardnamurchan 증류소 - 아드남스(Adnams Copper House Dry Gin)

아드나머칸 증류소는 비교적 신생 증류소지만, Adnams Copper House Dry Gin으로 유명합니다. 이 진은 고품질 보리를 사용해 생산되며, 신선한 과일과 허브의 향이 특징입니다.

Ki One 증류소 - 정원

기원(Ki One, 舊 쓰리소사이어티스)은 남양주에 위치한 한국의 증류소로, 2020년부터 운영을 시작했습니다. 현재는 기원 위스키를 판매하고 있지만 위스키를 숙성하는 동안 수익 창출을 위해 정원 진을 판매하게 된 것으로 알려져 있습니다. 깻잎 등 한국적인 재료를 사용해 연출되는 독특한 향이 매력적인 진입니다.

　위스키 증류소가 진 생산을 병행하는 트렌드는 경제적 이점, 소비자 트렌드 변화, 기술적 유사성 등 여러 이유로 인해 점점 더 확산되고 있습니다. 앞으로도 다양한 증류소에서 매력적인 진을 만나볼 수 있기를 기대합니다.

진 (3) : 진의 변신은 무죄

진은 주니퍼베리 외 부가 재료에 제한이 없어 엄청난 제작 자유도를 가진 증류주입니다. 그래서인지 이 술은 정말 별의별 재료를 사용한 제품을 만나볼 수 있습니다. 진이 과연 어디까지 변신할 수 있는지, 진 이야기 그 마지막에서는 전 세계의 특이한 진 제품에 관해 알아보겠습니다. 국내 수입이 안 된 제품들이므로 한글로 적지 못하는 점 양해 부탁드립니다.

Drumshanbo Irish Gin (The Shed Distillery) : 차
Gunpowder라고 적혀있어서 오해할 수도 있지만 Gunpowder tea는 말차라는 뜻을 갖고 있습니다. 라임, 레몬, 자몽과 천천히 건조된 차를 사용해 동양적인 맛을 연출했다고 합니다.

Malfy Gin Con Limone (Italy) : 레몬
이탈리아의 레몬 리큐르 리몬첼로에 근접한 이 진은 아말피 해안 레몬

을 첨가해 압도적인 레몬맛을 보여 줍니다. 제조사에서는 진토닉을 추천합니다.

Fok Hing Gin (Hong Kong) : 재스민
이 진은 재스민 차와 쓰촨 후추를 포함하며, 홍콩의 100년 된 향신료 가게에서 공급된 식물의 조화를 특징으로 합니다. 진토닉이나 마티니에 잘 어울린다고 하네요.

Hop Gin (Eden Mill, Scotland) : 홉
맥주에 사용되는 재료로 널리 알려진 홉을 사용한 진입니다. 호주의 갤럭시 홉을 사용하여 맥주와 비슷한 맛을 연출했습니다. 독특한 과실향과 신선한 맛을 제공한다고 하네요. 제조사에서는 진토닉을 만들어 마실 것을 추천합니다.

Dà Mhìle Seaweed Gin (Dà Mhìle Distillery, Wales) : 해초
영어권에서는 해초와 해조류를 싸잡아서 Seaweed로 표현하기 때문에 실질적으로 구분이 불가능합니다.
뉴 퀘이 해안의 해초가 첨가된 이 진은 상쾌한 해안 풍미를 가지고 있으며 해산물을 보완하도록 설계되었습니다. 레몬 트위스트를 곁들인 마티니로 굴과 함께 먹는 것이 추천됩니다.

Minke Gin (Clonakilty Distillery, Ireland) : 회향, 유청
조금 생소한 재료이기에 설명을 붙입니다. 회향은 주로 유럽 해변가

에 서식하는 미나릿과의 식물입니다. 로마시대에 널리 퍼진 것으로 알려져 있습니다. 유청은 우유에서 치즈를 만들 때 단백질을 모아 치즈로 만들고 남는 물을 이야기합니다. 나치 독일이 콜라 대용품으로 환타를 개발할 때 이것이 들어간 것으로 알려져 있습니다.

이 진은 대서양 연안의 절벽에서 캐낸 회향을 첨가합니다. 특이하게도 밑술을 유청으로 만든다고 하네요. 제조사에서는 진저에일에 섞어 마실 것을 추천합니다.

Anty Gin (Cambridge Distillery, UK) : 개미

잘못 읽은 게 아닙니다. 네! 개미가 맞습니다. Nordic Food Lab과 콜라보 한 이 진은 유럽 홍개미, 야생 나무, 쐐기풀이 첨가된 정말 독특한 진입니다. 개인적으로 진이 어디까지 변신할 수 있는지 보여주는 가장 극단적인 사례가 아닐까 생각합니다. 제조사에서는 진피즈나 마티니 같은 고전적인 진 칵테일로 음용할 것을 추천하네요.

아무래도 유럽 제품들이다 보니 저런 기상천외한 제품을 국내에서 만나보기는 힘들겠지만 이만큼 진은 무궁무진한 다양성을 갖고 있는 술입니다. 여러 브랜드의 제품을 비교해 보는 것도 하나의 재미랍니다.

보드카 (1) : 개론

증류주(Spirit)는 발효된 알코올 혼합물을 증류하여 높은 알코올 함량(보통 40도 내외)을 지닌 음료입니다. 이 글에서는 증류주, 그 중에서도 가장 기본이 되는 보드카에 관해서 다룰 예정입니다.

보드카의 기원

보드카라는 이름은 러시아어 'voda'에서 유래했으며, 이는 '물'을 의미합니다. 'vodka'는 '작은 물' 또는 '작은 물방울'을 뜻하며, 이 술의 맑고 투명한 성질을 반영합니다.

보드카의 기원에 관해서는 대표적으로 러시아와 폴란드가 보드카의 발명국임을 주장하며 현재까지 논쟁하고 있습니다.

러시아 : 보드카의 기원은 9세기 러시아에서 시작되었다고 주장됩니다. 러시아에서는 보드카가 주로 약용으로 사용되었으며, 14세기부터

대량 생산이 시작되었습니다.

폴란드 : 폴란드에서는 보드카가 8세기에 처음 만들어졌다고 주장합니다. 폴란드의 초기 문서에서도 보드카에 대한 언급이 발견됩니다. 예를 들어, 1405년 폴란드 법원 문서에 'wódka'라는 단어가 처음 등장합니다.

이외에도 스웨덴, 핀란드 등 국가들도 전통적으로 보드카를 생산 및 소비하고 있으며, 각국은 자신들의 보드카가 최초이며 최고임을 주장합니다. 흔히 '보드카 전쟁'이라 불리는 이 논쟁은 아직 현재 진행형이며, 보드카를 전통적으로 소비하는 이들 국가를 묶어서 '보드카벨트'라고 부릅니다. 보드카벨트 국가들은 각기 다른 보드카 제조법과 전통을 가지고 있으며, 이는 보드카의 다양성을 증명하기도 합니다.

밑술의 재료

보드카는 다양한 원료로 만들 수 있습니다. 전통적으로는 밀, 호밀, 보리 등의 곡물을 사용하지만, 감자, 옥수수, 사탕수수, 과일 등도 사용됩니다. 이러한 재료들을 발효한 후 여러 번 증류하고 활성탄 필터링 과정을 거쳐 불순물과 맛을 제거하는 것입니다. 이렇게 깨끗한 맛의 보드카가 탄생하게 됩니다.

다른 곡물기반 증류주와의 차별점

보드카는 다른 곡물기반 증류주와 결정적인 차이점을 가지고 있는데,

바로 여러 번 증류하고 활성탄 필터링 과정을 거쳐 불순물과 맛을 제거한다는 것입니다. 이는 보드카가 무색, 무취, 무미의 특성을 가지게 하며, 다양한 칵테일의 베이스로 사용되기 적합하게 만듭니다.

세계적 인기 비결

보드카는 20세기 중반 이후 세계적으로 인기를 끌기 시작했습니다. 특히, 제2차 세계대전 이후 미국과 서유럽에서 큰 인기를 끌었습니다. 보드카의 중립적인 맛은 다양한 칵테일의 베이스로 이상적이었고, 이는 보드카의 인기를 더욱 높였습니다.

1950년대와 60년대에는 할리우드와 대중문화에서 보드카가 자주 등장하였으며, 이는 보드카를 더욱 세련된 이미지로 만들어주었습니다. 예를 들어, 제임스 본드 시리즈의 "보드카 마티니, 섞지 말고 흔들어서"는 보드카를 세련되고 매력적인 음료로 만들었습니다.

또한, 1940년대에 발명된 모스코 뮬(Moscow Mule)과 같은 칵테일은 보드카의 인기를 높이는 데 큰 역할을 했습니다. 현대에는 프리미엄 보드카 브랜드들이 등장하여 품질과 고유한 필터링 과정을 강조하면서 보드카의 명성을 더욱 높였습니다.

증류주를 좀 마시다 보면 대부분 40도 정도의 도수를 지키고 있다는 사실을 눈치챌 수 있습니다.

이는 보드카의 표준 도수가 40도이기 때문인데, 이렇게 정립된 데는 이유가 있습니다. 이 과정에서 중요한 역할을 한 인물이 저명한 화학자 드미트리 멘델레예프입니다.

표트르 대제의 개혁

1698년, 표트르 대제는 러시아 사회 개혁을 단행하며 보드카 품질을 위해 알코올 함량을 표준화하고, 불법 증류를 단속하며, 합법적인 주류 판매점에서만 보드카를 구매할 수 있도록 하는 규제를 도입했습니다. 이는 주류의 품질을 유지하고, 주류 판매를 통해 국가 재정을 강화하는 데 기여했습니다. 러시아 역사에 기록된 첫 보드카 규제로 알려져 있지만, 당시 보드카의 알코올 함량을 규정했다는 증거는 없습니다.

이후 19세기 러시아에서 보드카의 도수를 40도로 정하는 법이 제정되었습니다. 이것은 보드카 운반 중 변질을 방지하기 위함이며, 당시 러시아 시장의 보드카 품질을 향상시키기 위한 조치이기도 했습니다.

1843년, 러시아 정부는 시장조사를 통해 '좋은 품질'인 보드카의 알코올 함량이 최소 38%임을 알아냈지만, 실제로는 40%를 표준으로 삼았습니다(아마 계산의 편의를 위해서가 아닐까요).

멘델레예프

드미트리 멘델레예프는 1865년 발표한 박사학위 논문 [알코올과 물의 결합에 대하여]에서 물과 알코올의 혼합 비율에 따른 영향을 연구하며 화학적으로 최적의 알코올 도수에 대한 과학적 접근을 시행했습니다.

그는 알코올 함량 38%의 수용액이 화학적으로 가장 안정적이라고 결론내립니다.

1894년 러시아 정부는 또다시 40%를 표준 보드카 도수로 채택하였습니다(당시 러시아 도량형국 국장이 멘델레예프). 당시 러시아 정부에서 독점 보드카 브랜드 모노폴카(Monopolka)를 출시하며 모노폴카의 알코올 함량을 40%로 맞춘 것에 기인한 설이지만 이 또한 당시 행정문서 등의 증거가 없어 아직 논란중에 있습니다.

러시아 제국 당시의 자료는 많지 않아 뚜렷하게 특정지을 수는 없지만, 우리는 이를 통해 러시아 제국이 경험적/과학적 검증을 통해 알코올 함량 40%가 최적이라는 결론을 도출했다는 사실을 알 수 있습니다.

다른 주류도 40도 선을 지키는 이유

40%는 보드카뿐 아니라 다른 증류주에서도 일반적인 도수입니다. 위스키, 브랜디, 럼 등 많은 증류주들이 40%의 알코올 함량을 갖고 있습니다. 이유는 아래와 같습니다.

상업적 용이성 : 멘델레예프가 연구한 바와 같이 40% 도수에서 알코올과 물은 가장 많은 상호작용을 주고받습니다. 연구내용에 따르면 이 경우 차이는 경미하지만 부피가 가장 작다고 하네요.

균형 잡힌 맛과 향 : 40%의 도수는 알코올의 강한 맛과 각 주류 고유의 풍미를 균형 있게 유지합니다.

보존성 : 높은 알코올 함량은 미생물의 생장을 억제하여 주류를 장기간 보존하는 데 도움이 됩니다.

법적 규제 : 위와 같은 이유로 많은 국가들이 주류의 최소 알코올 도수를 법으로 규정하고 있으며, 40%는 여러 국가에서 표준으로 채택되었습니다.

결론

몇 번에 걸친 도수 표준화 정책으로 미루어 보아 아마 러시아인들은 오래 전부터 경험을 통해 40% 정도의 술이 가장 좋다는 결론에 도달했을 가능성이 높습니다. 멘델레예프는 이러한 결론을 과학적으로 검증하였고, 이러한 표준은 다른 증류주에서도 널리 사용되며 주류의 품질과 보존성을 보장하는 데 중요한 역할을 하고 있습니다.

보드카 (3) : 보드카는 정말로 맛이 없을까

보드카는 일반적으로 무색, 무미, 무취의 특징을 갖습니다. 대부분의 보드카 제조사들이 그것을 위해 노력합니다. 그렇다면 모든 보드카들은 다 동일할까요? 그렇지 않습니다.

심지어 프리미엄 보드카 제품군에서도 '맛의 차이'가 존재합니다. 이 글에서는 그 이유에 관해 알아보도록 하겠습니다.

핵심은 불순물

이 세상에 100%란 존재할 수 없죠. 아무리 깨끗한 물을 사용하고 증류를 많이 해도 100% 순도의 물과 에탄올을 추출한다는 것은 무척이나 어려운 일입니다. 그렇게 남은 미세한 불순물들이 보드카에 '맛'을 부여한다고 알려져 있습니다.

보편적인 보드카 재료들의 경우, 보리는 스파이시함, 밀은 달콤함, 감자의 경우 크리미함을 보드카에 입힌다고 합니다. 과일을 재료로 사용하는 보드카도 과일의 성분이 남아 과일향을 냅니다. 보드카의 60%를 차지하는 물 또한 영향을 미친다고 하네요.

정말 '맛'뿐일까?

하지만 정말 이 미세한 차이로 인해 각 보드카의 선호도가 결정될까요? 보드카에서 발견되는 불순물은 리터당 10~3000mg이니 불순물의 영향은 굉장히 적을 것입니다. 0.1% 농도의 설탕물과 소금물(?)을 우리가 과연 구분할까요?

보드카의 질감

이러한 의문에 대해 탐구한 논문이 있어 읽어보았습니다. 친절하게 번역한 분도 계시니 직접 찾아가 읽어 보서도 좋습니다. (농업 및 식품 화학 저널 DOI 10.1021/jf100609c)

물 분자는 단독으로 존재하지 않고 서너 개에서 수십 개의 분자가 수소 결합과 공유 결합을 통해 덩어리로 존재하며, 이 분자 덩어리를 클러스터(Cluster)라고 합니다.

에탄올이 물과 섞일 때 에탄올 분자도 극성을 띠기 때문에 이와 유사하게 수소 결합을 통해 물과 상호작용합니다. 에탄올 분자는 물과 결합하여 혼합 용액 내에서 복잡한 구조를 형성합니다. 고농도 에탄올 용액

한 방울의 탐험. 위스키 증류소와 나만의 술 이야기

인 보드카는 물 분자가 마치 감옥처럼 에탄올을 가두는 형태를 이룬다고 합니다.

이때 브랜드마다 클러스터의 구조나 물 분자의 개수가 다르게 나타나고, 따라서 용액의 물리적 성질 또한 다릅니다(논문의 저자는 불순물이 수소결합에 영향을 미친 것이 아닐까 추측합니다). 즉 맛의 차이가 미미할 지라도 보드카를 입 안에 넣었을 때 촉각으로 클러스터의 특징이 느껴지므로 우리는 이것을 '다르다'라고 느끼는 것입니다.

저 역시 보드카를 즐기는 사람으로서 보드카의 질감이 존재한다는 것에 동의합니다. 특징이 없는 것이 특징인 보드카지만 적어도 '무미'하지 않기 때문에 사람들이 즐기고 사랑하는 것 아닐까요.

브랜디 (1) : 개론

브랜디(Brandy)는 위스키가 세계적인 인기를 얻기 전 유럽 전역의 상류층에게 사랑받던 증류주입니다. 요즘은 위스키가 워낙 강력한 데다가 경쟁자가 많아 그렇게 대단한 모습을 보여주지는 못하지만, 여전히 위스키만큼의 고급주류로 인식됩니다. 증류주 이야기의 네 번째 주인공은 바로 과일의 이슬, 브랜디입니다.

브랜디의 정의

브랜디는 포도주나 과일주를 증류하여 만든 고도주로, 알코올 도수가 보통 35~60%에 이릅니다. 법적으로 브랜디는 주로 와인을 증류하여 제조되며, 특정 국가에서는 엄격한 규정을 통해 품질을 관리하고 있습니다.

한 방울의 탐험. 위스키 증류소와 나만의 술 이야기

브랜디의 역사

브랜디의 탄생은 중세 유럽으로 거슬러 올라갑니다. 처음에는 와인의 저장 및 운반을 용이하게 하기 위해 증류되었으며, 특히 네덜란드 상인들이 이 기술을 활용하여 유럽 전역으로 브랜디를 전파했습니다. 16세기 이후, 프랑스, 스페인, 이탈리아 등지에서 브랜디 제조는 크게 발전하였고, 특히 프랑스에서 뛰어난 품질의 브랜디를 생산하며 명성을 쌓았습니다.

브랜디의 발원지가 아님에도 현재 프랑스가 브랜디 종주국으로 인정받는 이유는 코냑과 아르마냑 같은 고품질의 브랜디 생산지로 유명하기 때문입니다. 프랑스의 샤랑트 지방, 특히 코냑 지역은 독특한 기후와 토양 덕분에 최상급 브랜디를 생산할 수 있는 조건을 갖추고 있습니다. 17세기와 18세기에는 유럽 전역에서 브랜디가 인기를 끌었으며, 프랑스 브랜디는 그 품질로 인해 최고급 술로 자리매김하게 되었습니다.

브랜디의 유래

브랜디라는 이름은 네덜란드어 "Brandewijn"에서 유래되었습니다. "Brandewijn"은 "불에 탄 와인"이라는 의미로, 초기에는 와인을 증류하여 저장 및 운반을 용이하게 하기 위해 만들어졌습니다. 당시 네덜란드는 해상무역이 발달해 있었고, 와인을 장기간 보관 및 운반하기 위해 증류 기술을 발전시켰습니다. 따라서 네덜란드어가 브랜디의 어원이 된 것입니다.

특이한 점

브랜디는 역사가 비슷한 고급 증류주인 위스키와 생산 과정에서 조금 다른 모습을 보여 줍니다.

블렌딩 : 브랜디는 보통 연수가 다른 여러 원액을 섞어 병입합니다. 완제품에 적힌 표기는 혼합된 원액의 최소 숙성연수를 기반으로 작성됩니다.

추가 재료 : 이유는 알 수 없지만 숙성이 끝난 후 캐러멜 색소, 설탕, 물을 첨가하는 것이 합법입니다. 위스키와 비슷하게 오래 전부터 색상과 도수를 잡기 위해서가 아닐까 추측합니다.

효모 잔여물 : 굉장히 드물긴 하지만 코냑 생산에서는 와인의 발효 과정에서 발생하는 효모 잔여물(lees)과 함께 숙성시키는 방법을 사용하기도 합니다. 효모 잔여물과 함께 숙성시키면 코냑에 더 풍부한 맛과 복합적인 향이 더해집니다.

파생 주류

- **코냑(Cognac)**: 프랑스 코냑 지역에서 생산되는 브랜디로, 엄격한 규정을 따릅니다. 코냑은 브랜디 중에서도 상급품으로 취급되며, 이는 엄격한 생산 기준, 특정 지역의 포도 사용, 그리고 전통적인 증류 및 숙성 과정 때문입니다. 코냑은 프랑스의 샤랑트 지방의 코냑과 보르도 지역에서 생산된 포도로 만들어집니다. 코냑은 특히 보더리 지방에서 생산된 것이 더 좋은 것으로 평가받는데, 이 지역

의 토양이 포도에 독특한 풍미와 깊이를 제공하기 때문입니다.

- **아르마냑(Armagnac)**: 프랑스 남서부의 아르마냑 지역에서 생산되는 브랜디로, 코냑보다 더 오래된 역사와 독특한 풍미를 자랑합니다.
- **과일 브랜디**: 사과(칼바도스), 배, 체리(키르시) 등 다양한 과일을 원료로 한 브랜디입니다.
- **오드비(Eaux-de-Vie)**: '생명의 물'이라는 뜻으로, 숙성되지 않은 브랜디를 일컫습니다.

브랜디의 숙성 연수에 따른 명칭

브랜디는 숙성 연수에 따라 여러 가지 명칭으로 분류됩니다.

- **VS (Very Special)**: 최소 2년간 숙성된 원액을 포함합니다.
- **VSOP (Very Superior Old Pale)**: 최소 4년간 숙성된 원액을 포함합니다.
- **XO (Extra Old)**: 최소 10년간 숙성된 원액을 포함합니다(2018년 이전에는 최소 6년이었으나 규정변경).
- **XXO (Extra Extra Old)**: 최소 14년간 숙성된 원액을 포함합니다.
- **Napoleon**: 최소 6년 숙성
- **Hors d'Age**: 보통 10년 이상 숙성, 매우 오래된 브랜디를 의미

현대 소비자들이 잘 이해할 수 있는 방향으로 숙성 명칭이 개편되며 Napoleon과 Hors d'Age는 현재 거의 자취를 감췄습니다. 특히 XO는 고

급 코냑을 지칭하는 데 널리 사용되며, Napoleon과 Hors d'Age는 주로 전통적인 명칭으로 남아 있습니다.

브랜디의 소비 방식

브랜디는 다양한 방식으로 즐길 수 있습니다. 각 지역마다 독특한 음용 문화가 존재합니다.

- **프랑스**: 전통적으로 브랜디 글라스에 따라 천천히 음미하는 방식이 일반적입니다. 특히 식사 후 디저트와 함께 즐기는 디저트 와인으로 사용되기도 합니다.
- **스페인**: 브랜디를 카페라떼와 섞어 음료로 즐기는 '카페 카라히요' 가 인기 있습니다.
- **독일**: 브랜디를 따뜻하게 데워서 마시는 '글루바인'에 첨가하기도 합니다.

이외에도 브랜디는 브랜디 알렉산더, 사이드카 등 다양한 칵테일의 기주로 활용됩니다.

브랜디는 위스키와 함께 특히 그 향이 매력적인 증류주입니다. 특히 겨울에 마시는 따끈한 브랜디는 푸근한 사우나에 온 것 같은 안정감을 선사하죠. 위스키에 질렸다면 달달하고 향긋한 브랜디 한 잔 어떨까요.

한 방울의 탐험. 위스키 증류소와 나만의 술 이야기

브랜디 (2) : 코냑

코냑은 프랑스의 코냐크 지방에서 생산되는 브랜디의 일종입니다. 사실상 브랜디의 상위모델로 인식되고 있지요. 브랜디 이야기를 하면서 절대 빠질 수 없는 친구이기도 합니다. 브랜디 이야기 그 두 번째에서는 코냑에 대해 알아보도록 하겠습니다.

탄생 배경

'오드비 드 뱅 드 코냐크(Eau-de-vie de vin de Cognac, 코냐크의 생명의 물)'의 준말인 코냑(Cognac)은 프랑스의 작은 도시 이름에서 유래된 고급 증류주입니다. 16세기 초 네덜란드 상인들은 프랑스에서 와인을 수입해갔으나, 장기 보관이 어려워 증류를 통해 운반하기 용이한 형태로 만들게 되었습니다. 이렇게 만들어진 증류주가 바로 브랜디였고, 이후 품질이 뛰어난 코냐크 지방의 브랜디가 '코냑'이라는 명칭을 얻게 되었습니다.

이후 1909년 프랑스 정부는 코냑의 명성을 보호하고자 법적 기준을 설정하여, 오직 코냐크 지역에서 생산된 특정 기준을 충족하는 제품만이 '코냑'이라는 이름을 사용할 수 있도록 했습니다. 이는 자국 제품을 보호하기 위한 조치였습니다. (한국의 임실치즈나 장수사과를 생각하면 이해가 편합니다)

법적 정의와 규제

코냑은 원산지 통제 명칭(Appellation d'Origine Contrôlée)에 의해 엄격한 법적 기준을 충족해야만 '코냑'이라는 이름을 사용할 수 있습니다.

포도 품종: 유니 블랑(Ugni Blanc), 콜롱바르(Colombard), 폴 블랑(Folle Blanche) 등의 특정 품종만 사용 가능합니다.

증류 과정: 전통적인 샤렌트(Charente) 방식으로 두 번 증류되어야 합니다.

숙성 조건: 오크 통에서 최소 2년간 숙성해야 하며, 오크 통은 리무쟁(Limousin) 또는 트롱세(Tronçais) 지역의 오크를 사용해야 합니다.

지역: 그랑드 샹파뉴, 프티트 샹파뉴, 보더리, 핀 보아, 본 보아, 보아 오르디네르 등 6개의 지정된 생산 지역에서만 생산될 수 있습니다.

생산 과정: 포도의 수확부터 병입까지 모든 과정이 코냐크 지방에서 이루어져야 합니다.

생산 지역

코냐크 지방의 원액은 총 6개 지역으로 나뉘어지며, 생산 지역마다 독특한 특성을 지닙니다. 보통 보더리 지방의 원액을 가장 상등품으로 취급하며, 프랑스 법에 의해 한 지역의 원액만을 사용했을 경우 제품명에 해당 지역명을 표기할 수 있습니다.

보더리(Borderies): 코냑 생산 지역 중 가장 작지만, 가장 우수합니다.

그랑드 샹파뉴(Grande Champagne): 가장 높은 품질의 코냑을 생산하는 지역으로, 복잡하고 섬세한 향미를 자랑합니다.

프티트 샹파뉴(Petite Champagne): 그랑드 샹파뉴와 유사한 특성을 지니지만, 조금 더 부드럽고 빠르게 숙성됩니다.

핀 보아(Fins Bois): 과일 향이 두드러진 코냑을 생산하며, 비교적 빠르게 숙성됩니다.

본 보아(Bons Bois): 핀 보아보다 더 빨리 숙성되며, 독특한 풍미를 지닌 코냑을 생산합니다.

보아 오르디네르(Bois Ordinaires): 바다와 가까운 지역으로, 소금기 있는 풍미를 지닌 코냑을 생산합니다.

Big 5

코냑 업계에는 전 세계적으로 유명한 다섯 개의 주요 브랜드가 있습니다.

헤네시 (Hennessy): 1765년에 설립된 헤네시는 세계에서 가장 큰 코냑 브랜드로, 고품질의 다양한 코냑을 생산합니다. 헤네시는 V.S, V.S.O.P, X.O 등 다양한 등급의 코냑을 보유하고 있으며, 특히 X.O는 1870년 모리스 헤네시에 의해 탄생되었습니다. 헤네시는 전 세계적으로 높은 평가를 받고 있으며, 특히 복잡하고 깊이 있는 맛으로 유명합니다.

레미 마틴 (Rémy Martin): 1724년에 설립된 레미 마틴은 그랑드 샹파뉴와 프티트 샹파뉴에서만 생산된 코냑을 사용해 고급스러운 제품을 만듭니다. 레미 마틴은 향과 맛의 복합성으로 유명하며, 특히 레미 마틴 VSOP는 다양한 평론가들로부터 높은 평가를 받고 있습니다.

까뮤 (Camus): 1863년에 설립된 까뮤는 가족 경영으로 운영되며, 전통적인 방법을 고수하는 브랜드입니다. 까뮤는 특수한 향긋함과 부드러운 맛으로 많은 사랑을 받고 있으며, 까뮤 일루미네이션은 평론가들 사이에서 높은 평가를 받고 있습니다.

마르텔 (Martell): 1715년에 설립된 마르텔은 가장 오래된 코냑 브랜드 중 하나로, 부드럽고 과일 향이 풍부한 코냑을 생산합니다. 마르텔 코르동 블루 제품이 유명한데, 이것은 1912년 처음 출시된 이후 많은 사람들에게 사랑받고 있습니다.

쿠르부아지에 (Courvoisier): 1809년에 설립된 쿠르부아지에는 나폴레옹이 애용한 것으로 유명합니다.

세계 주류 시장에서의 입지

코냑은 세계 주류 시장에서 중요한 위치를 차지하고 있습니다. 2022

년 기준 코냑의 전 세계 판매량은 약 2억 2천만 병에 이르며, 이는 주류 시장에서 약 20억 유로(약 24억 달러)의 매출을 기록합니다. 스카치 위스키와 비교했을 때, 코냑의 매출액은 스카치 위스키의 약 1/4 수준이지만, 프리미엄 시장에서의 점유율은 꾸준히 상승하고 있습니다.

코냑 제품들은 전체적으로 저점이 높은 편입니다. 한국 시장에서 가장 저렴한 모델 중 하나인 레미마틴 VSOP도 왠만한 프리미엄 증류주 가격을 웃돕니다. 하지만 한 잔 접하는 순간 그 아름다운 향과 깊이는 어느 증류주로도 대체할 수 없다는 확신을 얻게 될 것입니다. 기회가 된다면 코냑 업계의 Big 5 제품을 비교해보는 것도 재미있을 겁니다.

브랜디 (3) : 피스코

와인은 세계 곳곳에서 생산되고 있고, 이것을 증류한다는 아이디어를 떠올리는 것은 그리 어려운 일이 아닐 것입니다. 주요 와인 생산지 중 하나인 남미에서 이것을 하지 않을 리가 없겠죠. 브랜디 이야기 그 세 번째 시간에 알아볼 내용은 남미의 브랜디, 피스코입니다.

정의

피스코(Pisco)는 남미에서 생산되는 전통적인 브랜디의 일종으로, 주로 페루와 칠레에서 생산됩니다. 두 나라에서는 피스코의 정의와 생산 기준이 법적으로 규제되어 있으며, 각국의 규제는 고유의 특성을 반영하고 있습니다. 페루에서는 피스코를 포도를 증류하여 만든 순수한 증류주로 정의하며, 숙성 과정에서 어떠한 첨가물도 사용하지 않는 것이 특징입니다. 반면 칠레에서는 피스코에 숙성 과정을 더해 다양한 스타일의 제품을 허용하고 있습니다. 이러한 차이는 두 나라의 피스코가 서로 다른 맛과 특성을 가지게 만듭니다.

어원과 역사적 배경

피스코의 기원은 16세기로 거슬러 올라가며, 스페인 식민지 시대에 남미 대륙으로 전파된 포도 재배와 증류 기술이 그 뿌리가 됩니다. 페루와 칠레에서는 스페인 이주민들이 포도 농장을 세우고 증류주를 생산하기 시작했으며, 이 증류주는 현지에서 빠르게 인기를 끌었습니다. '피스코'라는 이름은 페루의 항구 도시에서 유래되었으며, 이 지역은 피스코가 전 세계로 수출되는 중심지였습니다. 피스코는 시간이 지나면서 두 나라의 독자적인 음료 문화와 결합하여 오늘날의 독특한 피스코 문화가 형성되었습니다. 현재는 페루와 칠레 모두 자국이 피스코의 원조임을 주장하고 있습니다.

생산과정

포도 품종과 지역 특성

피스코는 주로 아로마틱한 포도 품종으로 만들어지며, 페루에서는 Quebranta, Italia, 그리고 Muscat 등 다양한 품종이 사용됩니다. 이 포도들은 주로 건조하고 온화한 기후의 해안 지역에서 재배되며, 이러한 기후 조건은 포도의 당도를 높여 피스코의 풍부한 향과 맛을 더해줍니다. 반면 칠레에서는 Torontel, Pedro Ximenez 등의 품종이 사용되며, 산악 지대와 해안 지대에서 재배되는 포도들이 다양한 맛과 향을 만들어 냅니다.

증류 및 숙성 과정

피스코는 포도즙을 발효한 후 증류하는 과정을 거치는데, 이 과정은 다른 브랜디와 몇 가지 중요한 차이점을 보입니다. 페루 피스코는 단일 증류 과정을 통해 생산되며, 증류 후 바로 병입되어 숙성 없이 소비됩니다. 대체적으로 페루의 피스코는 포도 본연의 맛을 추구하는 경향이 있습니다. 반면, 칠레 피스코는 다중 증류가 허용되며, 증류 후 오크 통에서 숙성 과정을 거칩니다. 이 과정에서 피스코의 색깔이 변하고 풍미가 더 깊어집니다. 조금 더 가볍고 다채로운 맛을 추구하는 경향이 있지요.

종류와 스타일

페루 피스코의 분류

페루 피스코는 사용된 포도 품종에 따라 Non-Aromatic, Aromatic, Mosto Verde, Acholado 등으로 분류됩니다. Non-Aromatic 피스코는 Quebranta 와 같은 향이 강하지 않은 품종으로 만들어지며, 반대로 Aromatic 피스코 는 Italia, Torontel 같은 향이 풍부한 품종으로 만들어집니다. Mosto Verde 피스코는 발효가 완전히 끝나지 않은 포도즙을 사용해 만들어지며, Acholado는 여러 품종의 포도를 혼합해 독특한 맛을 지닙니다.

칠레 피스코의 분류

칠레 피스코는 도수에 따라 Pisco Corriente(30~34도), Pisco Especial (35~39도), Pisco Reservado(40~42도), Gran Pisco(43도 이상) 등으로 분류됩니다. 도수에 따라 맛과 향이 달라지며, 오크 통에서 숙성된 기간에

따라 피스코의 색깔과 풍미도 달라집니다. 또한 도수가 높을수록 오크통의 영향을 받는 정도가 높아지죠. 각기 다른 도수의 피스코는 칠레의 전통적인 음료 문화에서 다양한 용도로 사용됩니다.

문화적 의미

상징성
피스코는 페루와 칠레에서 단순한 음료를 넘어 국가 정체성과 깊이 연결된 상징적인 의미를 지닙니다. 페루에서는 피스코가 자국의 역사와 문화의 중요한 부분으로 여겨지며, 칠레에서도 피스코는 국민적 자부심의 대상입니다. 이 두 나라에서 피스코는 다양한 축제와 전통 행사에서 중요한 역할을 하며, 피스코의 소비는 국가적 정체성을 표현하는 하나의 방법으로 인식됩니다.

피스코 관련 전통과 행사
페루와 칠레는 매년 피스코를 기념하는 다양한 행사를 개최합니다. 페루에서는 매년 7월 마지막 주에 '페루 피스코의 날'을 기념하며, 이 기간 동안 전국에서 피스코를 주제로 한 축제와 이벤트가 열립니다. 칠레에서도 피스코를 기념하는 다양한 행사가 있으며, 특히 피스코 칵테일 대회가 큰 인기를 끌고 있습니다. 이러한 행사들은 피스코가 단순한 음료를 넘어 두 나라의 문화와 전통을 상징하는 중요한 요소임을 보여 줍니다.

원조 갈등

페루와 칠레의 피스코는 스타일의 차이 때문에 조금씩 규제에 차이가 있긴 하지만 양국 모두 지정된 지역에서만 피스코를 생산하게 규제하고 엄격하게 품질을 관리한다는 점에서 공통점이 있습니다. 그만큼 두 나라 사이의 원조 갈등은 골이 깊으며, 양국은 다양한 국제기구와의 협상 및 국제적 홍보를 통해 자국의 피스코가 원조임을 인정받으려고 합니다.

이러한 경쟁은 수십 년간 지속되어 왔으며, 두 나라 사이 문화적 경쟁을 더욱 가속시키고 있습니다. 이것은 양국의 무역 방식에도 영향을 미쳐, 두 나라는 서로의 피스코를 자국 내에서 '피스코'라는 이름으로 판매하는 것을 금지하고 있기도 합니다. 페루와 칠레 사이 골이 깊은 국민감정도 한몫 거들지 않았을까 추측해 봅니다.

현대적 활용

글로벌 확산과 인지도 증가

피스코는 최근 몇 년간 세계적인 주목을 받으며 글로벌 시장에서 인지도가 급격히 상승하고 있습니다. 특히 고급 바와 레스토랑에서 피스코를 이용한 칵테일이 인기를 끌면서, 피스코는 남미를 넘어 전 세계로 확산되고 있습니다. 이는 피스코의 독특한 맛과 향이 국제적인 주류 시장에서 인정받고 있음을 보여 줍니다.

피스코 칵테일 및 시음 방법

피스코를 즐기는 방법은 매우 다양합니다. 가장 대표적인 피스코 칵테일로는 페루의 '피스코 사워(Pisco Sour)'가 있으며, 이는 피스코, 라임 주스, 설탕, 계란 흰자, 비터스로 만들어집니다. 칠레에서는 '피스코 콜라(Piscola)'가 인기 있으며, 피스코와 콜라를 혼합하여 간단하게 즐길 수 있습니다. 또한 피스코는 스트레이트로 즐기기에도 적합하며, 포도 본연의 맛을 느낄 수 있는 방식으로도 시음됩니다.

한국 시장에서의 피스코

한국에서도 피스코에 대한 관심이 점차 증가하고 있으며, 여러 피스코 브랜드가 수입되고 있습니다. 대표적인 브랜드로는 페루의 'Quarenta y Tres'와 칠레의 'Alto del Carmen' 등이 있으며, 고급 바와 호텔 라운지에서 피스코를 이용한 다양한 칵테일이 제공되고 있습니다. 한국 시장에서 피스코는 아직 자리 잡고 있는 단계입니다.

브랜디 (4) : 왕의 추락

 브랜디의 상위모델로 인식되는 코냑의 전성기는 17-19세기로, 당시 유럽과 세계의 상류층에게 선풍적인 인기를 끌었습니다. 특히 프랑스 귀족, 유럽 왕실 및 상류층 사회에서 코냑은 품격을 상징하는 술로 평가받았죠. 그러나 근대에 들어오게 되며 코냑은 그 자리를 위스키에 빼앗기고, 여전히 되찾지 못했다는 평가를 받고 있습니다. 이번 글에서는 코냑 업계의 추락의 여러 요인에 대해 알아 보겠습니다.

귀족문화의 후퇴

 18세기 말에 발발한 프랑스 혁명(1789-1799)과 나폴레옹 전쟁(1803-1815)은 유럽을 송두리째 흔들었습니다. 혁명 과정에서 프랑스 귀족 약 17,000명이 처형되거나 추방당했고, 이러한 사건은 절대적인 귀족 인구를 감소시켰습니다. 19세기 중반까지 지속된 유럽의 이러한 흐름은 귀족 인구를 18세기 중반보다 줄게 만들었고, 그로 인해 귀족 중심의 소비

문화도 쇠퇴하게 되었습니다.

필록세라(Phylloxera)사태

필록세라는 19세기 후반 유럽 포도밭을 황폐화시킨 포도나무 해충입니다. 이 작은 진딧물은 포도나무의 뿌리에 기생하여 나무가 수분과 영양분을 흡수하는 것을 방해합니다. 이로 인해 포도나무는 결국 말라 죽게 되며, 프랑스의 코냑 생산지인 샤랑트(Charente) 지역이 1870년대 초에 궤멸적인 타격을 입었습니다. 당시 포도밭 면적은 280,000 헥타르에서 약 40,000 헥타르로 줄어들었으며, 업계 종사자들은 당시 사건을 '재앙'이라고 묘사합니다. 현대에는 미국산 내성 뿌리로 유럽 포도나무를 접붙이는 방식을 통해 어느정도 예방할 수 있게 되었지만, 유럽의 포도 생산지들이 전멸함에 따라 와인 및 코냑 업계는 오랜 기간 생산량 부족을 겪어야만 했습니다.

위스키 산업의 발전

19세기 산업 혁명은 위스키 산업에 큰 발전을 가져왔습니다. 스코틀랜드와 아일랜드에서 대량 생산이 가능해졌고, 이로 인해 위스키는 더 저렴하고 널리 소비될 수 있었습니다. 특히, 여러번의 증류를 연속적으로 수행하는 연속 증류기의 도입은 위스키 생산의 효율성을 크게 높여 위스키는 더 이상 고급층만의 술이 아니라 대중적인 음료로 자리 잡았습니다.

미국 금주법

1920년부터 1933년까지 미국에서 시행된 금주법은 위스키 산업에 의외의 혜택을 가져왔습니다. 법령의 효력은 발휘되었지만 주류의 수요는 여전했고, 밀주업자들이 판치기 시작했습니다. 이들은 당시 필록세라로 인해 생산량이 적은 코냑보다 스코틀랜드와 캐나다에서 대량생산된 위스키를 밀수하는 것을 선호했습니다. 또한 미국은 금주법 이전부터 자체적으로 위스키를 생산하고 있었기 때문에 밀매하기에는 위스키가 더 유리했습니다. 이러한 이유로 위스키는 미국 장에 널리 보급되었고, 이 혜택은 금주법 폐지 이후에도 계속되었습니다.

브랜드 마케팅과 소비자의 변화

위스키는 20세기 중반 강력한 마케팅을 통해 남성적이고 강렬한 이미지를 구축했습니다. 예를 들어, 존 웨인(John Wayne)이 출연한 영화들에서는 거친 남성들이 위스키를 마시며 그들의 강인함을 드러내는 장면이 자주 등장했습니다. 이런 이미지는 위스키가 강한 남성의 술이라는 인식을 심어줬습니다. 1950년대 위스키 광고에서는 "Real Men Drink Whiskey(진정한 남자는 위스키를 마신다)"와 같은 슬로건이 사용되며, 위스키를 남성성의 상징으로 만들었습니다.

반면에 코냑은 고급스러움과 우아함을 강조하며 상류층에게 어필하는 전략을 채택했습니다. 이것은 코냑이 특정 상황, 특정 계층에서만 소비되는 결과를 초래했습니다.

한 방울의 탐험. 위스키 증류소와 나만의 술 이야기

이렇듯 여러 요인에 의해 20세기 코냑은 그 왕좌에서 추락하게 되었지만, 아직 '몰락'이라고 부를 정도는 아닙니다. 2022년 이후 전 세계 코냑 시장은 눈에 띄게 성장하는 중입니다. 코냑이 고수하고 잇는 우아하고 고급스러운 이미지가 빛을 발할만큼 상류층 문화가 성숙되었다는 평가도 종종 보입니다. 혹자는 지구의 온도가 상승함에 따라 포도 재배가 용이해지며 코냑의 생산량이 더욱 좋아질것이라는 분석도 내놓습니다.

코냑 업계는 최근 소비자들의 취향 변화를 반영하여 싱글 캐스크나 프리미엄 코냑과 같은 희소한 제품을 출시하는 등 위스키 시장과 경쟁할 수 있는 새로운 전략을 채택하고 있습니다. 이는 특히 고급 제품을 선호하는 소비자들을 겨냥한 움직임으로, 위스키 소비자들을 끌어들이기 위한 노력의 일환입니다. 코냑 업계는 아직도 왕좌를 탈환한 기회를 엿보고 있습니다.

데킬라 (1) : 개론

증류주 이야기, 그 다섯 번째 이야기는 데킬라입니다. 데킬라 선라이즈와 마가리타로 유명한 이 증류주는 호불호가 극명하게 갈리는 술이기도 합니다. 좋아하는 사람들은 옆에 끼고 사는 술이라는 뜻입니다. 열대과일과 함께 마시면 그 매력을 확실하게 느낄 수 있지요. 이 글에서는 데킬라에 대해 한 번 알아보도록 합시다.

데킬라의 기원

데킬라는 멕시코의 전통적인 증류주로, 그 기원은 아즈텍 문명까지 거슬러 올라갑니다. 아즈텍인들은 '케(Pulque)'라는 발효 음료를 만들어 사용했는데, 이는 알로에의 일종인 블루 아가베(Blue Agave)의 수액을 발효시켜 만든 것입니다. 스페인 정복자들이 16세기 초에 멕시코를 침략한 후, 이 발효 음료를 증류하여 더 강한 술을 만들기 시작했습니다. 이것이 데킬라의 시초입니다. 오늘날의 데킬라는 17세기 중반부터 할리스코 주의 데킬라 마을 주변에서 본격적으로 생산되기 시작했습니다.

이름의 유래

'데킬라'라는 이름은 멕시코 할리스코 주에 위치한 데킬라 마을의 이름에서 유래했습니다. 이 지역은 블루 아가베 식물이 자라기에 이상적인 환경을 제공하며, 데킬라 생산의 중심지로 알려져 있습니다. 데킬라 마을은 해발 2,000미터 이상에 위치해 있으며, 이곳의 토양과 기후는 아가베 식물이 잘 자랄 수 있는 조건을 갖추고 있습니다.

데킬라의 법적 정의 혹은 규제

데킬라는 멕시코 정부에 의해 엄격하게 규제되며, '데킬라 규정(NOM-006-SCFI-1994)'에 따라 생산됩니다. 이 규정에 따르면, 데킬라는 다음과 같은 조건을 만족해야 합니다.

1. 블루 아가베를 최소 51% 이상 사용해야 합니다.
2. 멕시코의 특정 지역(할리스코 주 전체와 과나후아토, 나야리트, 미초아칸, 타마울리파스 주의 일부)에서만 생산될 수 있습니다.
3. 데킬라는 2차 증류를 거쳐야 합니다.
4. 모든 데킬라는 멕시코의 공식 인증기관으로부터 인증을 받아야 합니다.

숙성 정도에 따른 데킬라의 종류

데킬라는 숙성 기간에 따라 다음과 같은 종류로 나뉩니다.

1. **블랑코(Blanco)**: 숙성 과정을 거치지 않은 순수한 형태의 데킬라입니다. 증류 후 곧바로 병입되며, 투명하고 강한 아가베 향이 특징입니다. 일부 블랑코는 최대 60일 동안 스테인리스 스틸 탱크에서 숙성되기도 합니다.

2. **레포사도(Reposado)**: 최소 2개월에서 최대 1년까지 오크 통에서 숙성된 데킬라입니다. 이 과정에서 부드러운 맛과 함께 오크의 향이 더해집니다. 레포사도는 황금빛 색을 띠며, 블랑코보다 더 복합적인 풍미를 자랑합니다.

3. **아네호(Añejo)**: 최소 1년에서 최대 3년까지 오크 통에서 숙성된 데킬라입니다. 이 숙성 기간 동안 데킬라는 깊고 복합적인 맛을 얻게 됩니다. 아네호는 짙은 호박색을 띠며, 바닐라, 캐러멜, 초콜릿 등의 풍부한 향이 특징입니다.

4. **엑스트라 아네호(Extra Añejo)**: 3년 이상 오크 통에서 숙성된 데킬라입니다. 엑스트라 아네호는 가장 풍부한 향과 깊은 맛을 자랑하며, 그 복합적인 풍미로 인해 주로 천천히 음미하는 용도로 적합합니다.

파생되는 술

특이하게도 파생 주류가 상당히 많은 편이고, 각각의 개성 또한 뚜렷합니다.

- **풀케(Pulque)**: 멕시코에서 유래한 전통 발효주로, 용설란(Agave) 식물의 수액을 발효시켜 만듭니다. 데킬라와 메즈칼의 조상 격인 술로 간주됩니다.
- **소토(Sotol)**: 멕시코 북부에서 생산되는 증류주로, 데킬라와 메즈칼처럼 용설란을 사용하지 않고 '데사일라리아'라는 식물에서 추출한 수액을 증류하여 만듭니다.
- **라울라(Raicilla)**: 멕시코 할리스코 주에서 생산되는 전통 증류주로, 용설란의 다른 종을 사용하여 만듭니다. 데킬라와 유사하지만, 그 생산 방식과 맛에서 차이가 있습니다.
- **바카노라(Bacanora)**: 멕시코 소노라 주에서 유래한 증류주로, 야생 용설란을 증류하여 만듭니다. 메즈칼과 유사한 방법으로 생산되지만, 그 지역적 특성과 전통이 반영된 독특한 맛을 지닙니다.
- **메즈칼(Mezcal)**: 멕시코에서 유래한 증류주로, 데킬라의 조상 격인 술입니다. 주 재료는 용설란(Agave)입니다. 여러 종류의 용설란을 사용할 수 있지만, 에스파딘(Esapdín)이라는 품종이 가장 많이 사용됩니다. 용설란의 심(heart)을 구워서 발효시킨 후 증류하기 때문에 독특한 훈제 향이 납니다. 멕시코의 9개 주에서 합법적으로 생산될 수 있으며, 주요 생산지는 오악사카(Oaxaca)입니다.

세계적 흥행의 비결

데킬라가 전 세계적으로 인기를 끌게 된 이유는 다음과 같습니다.

1. **마케팅의 성공**: 멕시코 문화와 데킬라의 이미지를 결합한 마케팅 전략이 많은 사람들에게 매력적으로 다가왔습니다. 특히, 멕시코의 전통과 축제 분위기를 강조한 마케팅이 큰 역할을 했습니다.
2. **칵테일의 인기**: 데킬라는 다양한 칵테일의 재료로 사용되며, 특히 마가리타는 전 세계적으로 인기 있는 칵테일 중 하나입니다. 데킬라의 다재다능함은 그 인기를 높이는 데 중요한 역할을 했습니다.
3. **문화적 영향**: 멕시코의 음악, 영화, 예술 등이 세계적으로 영향을 미치면서 데킬라도 함께 주목받게 되었습니다. 특히, 헐리우드 영화에서 데킬라가 자주 등장하면서 그 인지도와 인기가 높아졌습니다.

데킬라는 이제 멕시코를 넘어 전 세계적인 술로 자리 잡았으며, 그 독특한 맛과 전통은 많은 사람들에게 사랑받고 있습니다.

한 방울의 탐험. 위스키 증류소와 나만의 술 이야기

데킬라 (2) : 극적인 신분상승

    데킬라 선라이즈(Tequilla Sunrise)는 오렌지 주스, 데킬라, 그레나딘 시럽이 들어간 칵테일을 의미하기도 하지만 데킬라를 마신 후 숙취와 함께하는 아침을 뜻하는 속어이기도 합니다.

    우리는 여기서 이상한 점을 발견할 수 있습니다. 증류주가 숙취를 유발한다고요? 앞서 포스팅한 위스키 제조과정을 보면 알 수 있겠지만 증류주는 숙취를 유발하는 해로운 성분을 거의 제거한 상태로 제조됩니다. 애초에 제대로 증류한 술이라면 숙취가 일어나는게 이상한 일입니다.

    그렇다면 데킬라가 숙취를 유발한다는 이야기는 무슨 소리일까요? 놀랍게도 30년 전까지만 해도 데킬라는 노동자들이나 마시던 저급 주류로 인식됐습니다. 그런데 지금은 멕시코와 미국 양국에서 사랑받는 고급주류이지요. 이게 어떻게 가능했을까요? 이번 글에서는 데킬라의 인식변화에 대해 알아보겠습니다.

저급주류로 인식된 이유

멕시코 내의 이미지

데킬라는 처음부터 멕시코에서 고급 주류로 인식된 것이 아닙니다. 멕시코 혁명기(1910-1920) 동안 데킬라는 노동자 계층과 강한 연관성을 가지며, 저급하고 거친 이미지가 형성되었습니다. 멕시코의 황금기 영화(1935-1959)에서는 데킬라를 마시는 캐릭터들이 자주 등장하며, 이는 멕시코 남성성의 상징으로 자리 잡았습니다. 영화 *¡Ay Jalisco no te rajes!*(1941)와 *Los Tres Garcia*(1946)에서 페드로 인판테(Pedro Infante)와 같은 배우들은 데킬라를 마시며 남성적이고 강인한 이미지를 연출했습니다.

미국 내의 이미지

미국에서는 데킬라가 멕시코의 빈곤과 범죄를 상징하는 음료로 여겨졌습니다. 1910년 멕시코 혁명과 1919년 미국 금주법의 시행은 이러한 인식을 더욱 강화시켰습니다. 당시 미국 언론은 데킬라를 멕시코인의 폭력성과 무질서를 나타내는 음료로 묘사했습니다. 예를 들어, 신문 기사에서는 멕시코 혁명군이 데킬라를 마시고 폭력적인 행동을 벌이는 장면을 자주 보도했습니다.

숙취를 유발하는 저급 데킬라

데킬라가 숙취를 유발하는 술로 인식된 데는 멕시코의 과음 문화와 100% 아가베가 아닌 저급 데킬라가 큰 영향을 미쳤습니다. 많은 저급

한 방울의 탐험. 위스키 증류소와 나만의 술 이야기

데킬라는 100% 아가베가 아닌 '미크스토(mix-to)'로, 이는 최소 51%의 아가베를 포함하고 나머지는 설탕, 저품질 알코올, 물로 채워진 제품이었습니다. 이러한 저급 데킬라는 첨가물과 당분이 많아 숙취를 유발할 가능성이 큽니다.

고급주류로 거듭나다

멕시코의 변화

멕시코 정부는 1974년 데킬라에 '원산지 명칭 보호(Denomination of Origin)'를 부여하며 데킬라의 품질과 이미지를 개선하려는 노력을 기울였습니다. 멕시코 정부의 이런 노력에 의해 90년대에 이르러서는 멕시코 내의 저급 데킬라가 거의 사라지게 됩니다.

미국의 변화

미국에서 데킬라의 이미지는 금주법이 종료된 20세기 중반 이후 점차 변화하기 시작했습니다. 1950년대와 1960년대에 걸쳐 마가리타와 같은 칵테일의 인기가 높아지면서 데킬라는 더 이상 단순히 취하기 위한 음료가 아니라, 즐거움을 위한 음료로 인식되었습니다. 1953년 잡지 에스콰이어(Asquire)에서는 마가리타를 '이달의 음료'로 선정하기도 했습니다.

초고급 데킬라의 등장

1990년대 이후에는 초고급 데킬라가 등장하며, 데킬라는 고급 주류로서의 입지를 확고히 했습니다. 대표적인 예로 1998년에 출시된 1800 Colección은 1000달러 이상의 가격으로 판매되었고, 이는 데킬라의 고급화를 상징하는 대표적인 예입니다. 또한, 라 카필라 하시엔다(La Capilla Hacienda)가 2010년에 발표한 초고급 데킬라는 328캐럿의 다이아몬드로 장식된 병에 담겨 350만 달러의 가격으로 주목받았습니다.

국가 간 협력과 법적 보호

또한 멕시코 정부는 데킬라의 품질과 명성을 보호하기 위해 여러 법적 조치를 도입했습니다. 1994년 북미자유무역협정(NAFTA) 체결 이후, 데킬라는 미국과 캐나다에서도 법적으로 보호받는 주류가 되었습니다. 이는 멕시코가 자국의 전통주를 세계 시장에서 보호하고, 고급 이미지를 유지하는 데 중요한 역할을 했습니다.

데킬라의 변천 과정은 멕시코와 미국 간의 복잡한 역사적, 문화적, 경제적 관계를 반영합니다. 약 20년만에 이루어낸 저급주류에서 고급주류로의 전환은 엄청난 성과이며, 이는 품질 개선, 법적 보호, 국가적 지원, 국제 마케팅 등의 다양한 요소가 결합된 결과입니다. 이 과정에서 멕시코와 미국의 협력과 문화적 교류가 중요한 역할을 했습니다.

데킬라의 사례를 바라보며 나는 대한민국의 희석식 소주를 떠올렸습니다. 두 주류는 공통점이 많습니다. 노동자 계급이 마시는 술이라는 인식과 남성적 이미지, 첨가물이 들어간 낮은 품질의 저가제품들, 맛이 없고 숙취를 유발한다는 인식까지 참으로 많습니다. 언젠가 대한민국의 소주도 데킬라처럼 세계인의 사랑을 받는 고급 주류로 거듭날 수 있기를 기원해봅니다.

럼 : 개론

럼(Rum)은 세계적으로 사랑받는 증류주 중 하나로, 그 기원과 제조 방법에 따라 다양한 종류와 맛을 자랑합니다. 증류주 이야기, 그 여섯 번째 시간에는 럼에 관해 알아보도록 하겠습니다.

럼의 기원

럼의 기원은 서인도제도와 카리브해 지역으로 거슬러 올라갑니다. 17세기 초, 사탕수수 재배가 번성하면서 럼이 처음 등장했습니다. 사탕수수를 짜내어 얻은 당밀(molasses)을 발효시키고 증류하여 럼을 만들었는데, 이는 노예 무역과도 깊은 연관이 있습니다. 당시 사탕수수 농장은 대규모로 운영되었고, 이 과정에서 발생한 잉여 당밀을 활용하여 럼을 제조한 것입니다.

럼의 초기 생산은 주로 바베이도스와 자메이카에서 이루어졌습니다. 이 지역의 기후와 토양이 사탕수수 재배에 적합했기 때문에, 럼 생산이 활발하게 이루어졌고, 점차 전 세계로 퍼지게 되었습니다.

이름의 유래

럼이라는 이름의 정확한 유래는 명확하지 않으나, 여러 가지 설이 존재합니다. 한 가지 설은 라틴어로 '사탕수수'를 의미하는 'saccharum'에서 유래했다는 것입니다. 또 다른 설은 네덜란드어로 '부드럽다'는 뜻의 'rumbullion'에서 비롯되었다고 합니다. 이 단어는 럼이 사람들을 흥분시키고, 소란스럽게 만든다는 의미에서 유래되었다고 합니다.

이 외에도 'rum'이라는 단어는 해적들이 즐겨 마셨던 술에서 유래했다는 설도 있습니다. 해적들은 럼을 좋아했으며, 이를 마신 후 더욱 용감해졌다고 전해집니다.

법적인 정의와 규정

럼은 종주국이랄 것이 없어 각 국가별로 다양한 법적 정의와 규정을 가지고 있습니다. 일반적으로 럼은 사탕수수의 부산물(주로 당밀)을 발효, 증류하여 만든 증류주로 정의됩니다. 국제적으로는 알코올 도수가 40% 이상인 것을 표준으로 하고 있습니다.

미국에서는 럼의 정의와 생산 기준을 엄격하게 규정하고 있습니다. 미국 법률에 따르면, 럼은 사탕수수 부산물을 원료로 하여 발효 및 증류한 후, 최소 40%의 알코올 도수를 유지해야 합니다. 또한, 인위적인 향료나 색소의 첨가는 허용되지 않습니다.

EU에서도 럼에 대한 규정이 있으며, 사탕수수 부산물을 원료로 사용해야 하며, 최소 37.5%의 알코올 도수를 유지해야 한다고 명시하고 있습니다. 또한, 럼의 생산 과정에서 인위적인 첨가물의 사용을 엄격히 금지하고 있습니다.

숙성에 따른 구분

럼은 숙성 기간에 따라 크게 네 가지로 구분됩니다.

- **화이트 럼(White Rum)**: 숙성 기간이 짧아 주로 1년 이하로 숙성됩니다. 투명하고 깔끔한 맛을 자랑하며, 주로 칵테일의 베이스로 사용됩니다. 예를 들어, 모히토나 다이키리 같은 칵테일에 주로 사용됩니다.
- **골드 럼(Gold Rum)**: 약 1년에서 2년 정도 숙성된 럼으로, 황금빛 색상을 띠며, 오크 통에서 숙성되어 부드럽고 풍부한 맛을 자랑합니다. 단독으로 마시기 좋으며, 칵테일에도 사용됩니다.
- **다크 럼(Dark Rum)**: 2년 이상의 숙성 기간을 거쳐 짙은 갈색을 띠며, 오랜 시간 오크 통에서 숙성되어 깊고 풍부한 맛과 향을 자랑합니다. 주로 단독으로 마시거나 요리에 사용됩니다.
- **에이지드 럼(Aged Rum)**: 5년 이상의 오랜 기간 오크 통에서 숙성시킨 럼으로, 깊고 복잡한 맛을 자랑합니다. 주로 고급스러운 맛을 즐기기 위해 단독으로 마십니다.

럼의 파생주류

럼은 다양한 파생품을 가지고 있고 각각의 개성 또한 매우 뚜렷합니다. 특정한 파생품을 사용하도록 요구하는 칵테일도 있습니다.

- **스파이스드 럼(Spiced Rum)**: 다양한 향신료를 첨가하여 만든 럼으로, 특유의 향과 맛을 자랑합니다. 진저, 시나몬, 바닐라 등의 향신료가 첨가됩니다.
- **플레이버드 럼(Flavored Rum)**: 과일이나 허브 등의 자연 재료를 첨가하여 향과 맛을 낸 럼입니다. 코코넛, 파인애플, 망고 등의 향이 첨가된 제품이 많습니다.
- **카샤샤(Cachaça)**: 브라질에서 생산되는 럼의 일종으로, 사탕수수 주스를 직접 발효 및 증류하여 만듭니다. 카샤샤는 일반적으로 럼보다 사탕수수 맛이 더욱 강렬하고 독특한 맛을 자랑합니다.

세계적 흥행의 비결

럼이 세계적으로 인기를 끌게 된 이유는 다양합니다.

첫째, 럼은 다양한 칵테일의 베이스로 사용되기 때문에, 칵테일 문화의 확산과 함께 인기를 끌게 되었습니다. 모히토, 다이키리, 피나 콜라다 등 유명한 칵테일들이 모두 럼을 기반으로 하고 있어, 럼의 인기는 더욱 높아졌습니다.

둘째, 럼은 비교적 저렴한 가격에 제공되기 때문에, 접근성이 높습니다. 다른 고급 증류주에 비해 가격이 저렴하면서도 다양한 맛을 즐길 수 있어, 많은 사람들이 즐겨 찾게 되었습니다.

마지막으로, 럼의 역사적 배경과 문화적 가치가 큰 역할을 했습니다. 특히 카리브해 지역과 관련된 해적 이야기, 사탕수수 농장과 관련된 역사 등이 럼에 대한 흥미를 높이는 요소로 작용했습니다.

종주국이 없는 이유

럼은 데킬라나 위스키처럼 품질을 엄격하게 관리하는 종주국이 없습니다. 이는 주로 몇 가지 이유 때문입니다.

첫째, 럼의 기원이 특정 국가에 한정되지 않기 때문입니다. 바베이도스와 자메이카 모두 럼의 생산에서 중요한 역할을 했지만, 카리브해 전체가 럼의 탄생과 발전에 기여했습니다. 따라서 특정 국가가 독점적인 품질 관리를 주장하기 어렵습니다.

둘째, 럼 산업은 다양한 국가에서 발전하였고, 각기 다른 생산 방식과 스타일을 가지고 있습니다. 예를 들어, 쿠바, 도미니카 공화국, 베네수엘라 등 여러 국가에서 각기 다른 특징의 럼이 생산됩니다. 이로 인해 특정 국가가 품질 관리를 전담하기보다는 각국의 개성과 전통을 존중하는 방향으로 발전해 왔습니다.

럼에 대한 깊은 이해와 함께, 다양한 종류의 럼을 즐겨보는 것도 좋은 경험이 될 것입니다.

증류소 이야기

에디터 K의 증류소를 따라가는 위스키 여행

위스키는 단순한 술이 아닙니다. 그것은 자연과 시간, 사람의 정성이 한데 어우러진 예술이며, 각 지역의 독특한 이야기를 품고 있습니다. 증류소를 방문한다는 것은 위스키가 탄생하는 과정을 직접 목격하고, 그 속에 담긴 역사를 느끼는 특별한 경험입니다. 이 책은 내가 2023년과 2024년에 걸쳐 증류소를 여행하며 마주한 순간들과 그 여정에서 얻은 깨달음을 기록한 이야기입니다.

2023년 초, 나는 혼자 스코틀랜드의 여러 증류소를 탐방했습니다. 렌트카를 빌려 고원 지대를 달리고, 스페이사이드의 강변을 지나며 거친 바람 속으로 들어갔습니다. 혼자만의 여행은 위스키를 더 깊이 이해하는 시간이었습니다. 한 잔의 위스키가 탄생하기까지의 과정과 그 안에 담긴 자연, 사람, 그리고 시간을 오롯이 느낄 수 있었습니다.

같은 해 말, 이번에는 나의 친구인 Emotion과 함께 스코틀랜드를 다시 찾았습니다. 둘이 함께한 여행은 또 다른 즐거움을 선사했습니다. 하이랜드의 넓은 초원과 아일라 섬, 그리고 캠벨타운의 험난한 길을 달리며 증류소를 찾는 여정 속에서, Emotion과 나눈 위스키에 대한 대화를 통해 위스키에 대한 깊이를 더 깨닫게 되었습니다. 위스키는 홀로 마실 때는 사색의 동반자가 되고, 함께 마실 때는 추억을 나누는 매개체가 됩니다.

2024년에는 여행의 무대를 아시아로 옮겼습니다. 한국과 대만, 그리고 일본의 여러 증류소를 방문하며, 각기 다른 문화 속에서 위스키가 어떻게 만들어지고 사랑받는지 탐구했습니다. 한국의 젊은 증류소에서 시작하는 실험적 위스키, 대만의 따뜻한 기후가 만들어내는 독특한 풍미, 일본 증류소의 섬세한 장인 정신까지, 이들은 스코틀랜드와는 또 다른 매력을 보여 주었습니다.

증류소 투어는 단순히 위스키 애호가만을 위한 여행이 아닙니다. 이는 자연과 사람, 문화와 전통을 이해하는 과정이며, 한 잔의 위스키가 품고 있는 이야기를 찾아가는 여정입니다. 이 책은 내가 스코틀랜드와 아시아에서 만난 증류소들과 그곳에서 느낀 모든 것을 기록한 기록물입니다.

이제, 함께 위스키의 길로 떠나봅시다. 각 증류소에서 만난 자연, 사람들, 그리고 시간이 여러분에게도 새로운 영감을 선사할 것입니다.

발베니(Balvenie) : 장인들의 증류소

에디터 K

　부드러운 질감과 고소한 단맛이 특징적인 발베니는 12년 더블우드를 비롯한 다양한 라인업들을 통해 한국 시장에서 소비되고 있습니다. 발베니는 2022년 수작업 및 장인 정신을 강조하기 위해 한국 전통 공예 장인들과 협업 전시를 하였으며, 2023년 10월 서울 강남에서 헤리티지 전시회를 개최하였습니다. 2024년에는 신라호텔과 협업하여 서울 신라호텔 1층 더 라이브러리에 '디스틸러리 라이브러리'를 오픈하는 등 한국 시장에 공들이고 있는 스코틀랜드의 싱글몰트 위스키 브랜드이기도 합니다.

Craftsmanship lies at the core of The Balvenie, and we rely on the passing of skills, processes, knowledge, and experience from generation to generation to maintain our tradition and distinctive character.

David C. Stewart

발베니는 장인 정신을 강조합니다. 발베니에서 사용하는 몰트 중 일부는 발베니 소유의 1000acre 넓이의 농장에서 Wiseman 가문의 숙련된 농부들이 직접 재배합니다. 발베니 총 생산량의 10~15%를 수작업으로 플로어 몰팅(Floor Malting, 위스키 제조과정 중 보리를 가공하는 과정)을 진행하며, 발베니에서 반세기 넘게 일한 Ian McDonald를 비롯한 쿠퍼리지 장인들이 위스키에 캐릭터를 불어넣는 캐스크를 직접 수리하고 만들기도 합니다.

2023년 초에도 나는 발베니 증류소를 방문한 적이 있어 총 두 번 발베니 증류소에 방문하였습니다. 2023년 초에는 발베니 쿠퍼리지를 방문하였는데, 10명이 넘는 쿠퍼리지 장인들이 직접 오크통을 만들고 수리하는 장면을 목격할 수 있었습니다.

발베니 증류소 투어에서는 플로어 몰팅을 하는 삽을 직접 들어보며 몰트를 뒤집어 볼 수도 있었고, 발베니가 사용하는 피트, 발베니의 당화조(Mash Tun)와 발효조(Washback), 증류기(Pot Still)와 숙성고(Warehouse)에도 방문하였습니다. 발베니 투어를 한다면 N°24 Warehouse에서 발베니 싱글 캐스크 제품을 직접 오크통에서 쿠퍼독(Copper Dog, Dipping Dog라고도 하며 오크통에서 위스키를 꺼낼 때 사용하는 장치이다)을 이용해 핸드필을 할 수도 있었습니다.

발베니 증류소는 1892년 더프타운에 설립된 이후 전통과 장인 정신을 추구하는 싱글몰트 위스키로 명성이 높습니다. 여전히 전통적인 방식으로 대장장이를 고용해 증류기를 직접 수리하는 점, 사람의 손으로 보리를 직접 발아시키는 점은 발베니 증류소 장인 정신의 유명한 예시입니다. 또한 전 세계의 수작업 장인들을 후원하며 그들과 협업하는 발베니의 모습은 우리에게 장인이란 어떤 것인가의 귀감이 되기도 합니다.

다만 우리가 방문한 발베니는 기대한 장인 정신과는 살짝 거리가 있었습니다. 발베니가 자랑하는 수작업 플로어 몰팅으로 만들어지는 몰트는 전체 몰트의 15% 도 되지 않았고, 이는 다른 증류소에 비해 굉장히 적은 양이었습니다.

또한 발베니 증류소는 피트를 태워 입히는 작업에서 무연탄을 사용해 의아함을 안겨 주었습니다. 우리가 방문한 다른 증류소들 중 글렌파클라스나 글렌고인은 무연탄을 사용하지 않고 천연가스나 재생 에너지를 사용한다고 하였습니다. 효율성의 측면에서도, 친환경적 측면에서도 우리는 이해하기 힘들어 왜 무연탄을 사용하는지 직원에게 질문해 보니 그저 전통이라는 답변이 돌아왔습니다. 나중에 더 알아보니 피트를 태울 때 사용하는 땔감이 맛에 영향을 준다는 이야기가 있다고 합니다.

투어를 마치며 우리는 발베니가 우리가 환상처럼 생각하는 장인 정신의 귀감 같은 회사와는 조금 다르다는 생각과 함께 발걸음을 돌려야 했습니다. 적어도 발베니는 그들이 자랑하는 만큼의 완벽한 모습은 아니었습니다.

물론 그렇다고 발베니가 저평가받아야 할 증류소는 절대 아닙니다. 나는 오히려 발베니를 업계에 새로운 흐름을 만들어내는 혁신적인 증류소로 높이 평가합니다. 발베니의 단식 증류기는 "Balvenie Ball"이라고 하는, 스완넥 아래쪽에 불룩하게 튀어나온 독특한 모양을 지니고 있으며, 코퍼스미스(Coppersmiths)의 장인 정신과 결합된 창의적인 방법은 발베니를 다른 위스키와 다른 캐릭터를 나타나게 합니다. 그리고 발베니의 전 몰트 마스터인 데이비드 스튜어트(David Stewart)는 캐스크 피니싱(Cask Finishing)이라는 기법을 최초로 개발하여 전 세계 위스키 업계의 흐름을 바꾸었습니다.

나는 생각합니다. 전통과 장인 정신도 중요하지만, 그것에 갇혀 미래를 생각하지 않으면 안 된다고요. 발베니는 훌륭하게 미래를 바라보며 발돋움하고 있습니다. 언젠가는 발베니도 그런 모습을 널리 알릴 때가 오겠지요.

나는 믿습니다. 전통의 발베니가 아닌 전통의 혁신적 계승자가 발베니가 될 것임을. 전통과 장인 정신을 중요한 가치로 내건 발베니에는 David Stewart를 잇는 몰트마스터인 Kelsey McKechnie를 비롯한 창조적이고 혁신적인 계승을 하는 사람들이 있어왔기에 말입니다.

글렌피딕(Glenfiddich) : 위스키 세계의 문지기

에디터 K

글렌피딕은 제가 가 본 스페이사이드 증류소 중 위스키 입문자들에게
도 투어를 추천할 만한 증류소입니다. 위스키에 문외한인 사람이어도
스코틀랜드로 여행을 간다면 대부분은 글렌피딕 증류소를 가장 먼저 떠
올릴 거 같습니다. 투어 시간도 한두 시간 간격으로 하루에 5회나 진행
하여 관광객들의 일정에 차질을 주지 않으려는 배려가 엿보입니다. 싱
글몰트 위스키 판매량 1위답게 증류소 투어에 있어서도 대중성을 고려
하는 걸까요. 이에 응답하듯 관광객 또한 엄청나게 많이 오는 증류소입
니다. 글렌피딕 증류소 기본 투어는 내가 방문한 2023년 2월에는 20파
운드, 2024년 8월 현재는 30파운드에 진행되고 있습니다. 글렌피딕 12
년, 15년, 18년, 21년 테이스팅이 제공되니 가격도 꽤나 합리적이라고 볼
수 있겠습니다.

글렌피딕 증류소는 발베니 증류소 바로 옆에 위치해있습니다. 핸드필
을 할 수 있는 기념품샵(The Glenfiddich Shop)을 지나 방문객 센터에
가면 윌리엄 그랜트(William Grant) 동상이 여러분을 맞이해주고 있을

겁니다. 글렌피딕과 발베니를 설립한 사람이 바로 윌리엄 그랜트입니다. '윌리엄그랜트 앤 선즈(William Grant & Sons)'라는 두 증류소 모회사의 사명을 통해 우리는 두 가지를 알 수 있습니다. 윌리엄 그랜트와 그의 아들들이 회사 설립에 나섰다는 것과 가족경영을 최고의 가치로 여긴다는 것. 가장 대중적이면서도 거대한 글렌피딕 증류소가 130여 년이 넘게 5대손 째 가족경영 방식을 고집하고 있다는 점은 참으로 놀라울 따름입니다. 자본과 경영의 논리보다는 위스키에 대한 철학을 자손 대대 물려주어 발전시킨 게 지금의 글렌피딕을 만든 게 아닐까요?

형제 증류소인 발베니에서 수작업과 장인 정신을 강조한 바와 달리, 글렌피딕은 효율성을 중시하고 있었습니다. 그래서 증류소 투어는 구입해온 대량의 몰트를 보여주는 것으로부터 시작합니다. 증류소 투어 중 맞이한 32개의 발효조(Washback)와 31개의 엄청난 증류기(Still)는 나를 압도하더군요. 숙성고(Warehouse)에서 글렌피딕 관계자는 솔레라(Solera) 제품을 강조하였습니다. 큰 오크통에 새로운 술을 반절을 넣고 반절을 빼는 방식인 솔레라 벳 시스템이 글렌피딕의 자랑이라고 하더군요. 이러한 방식을 통해 술이 섞이게 되어 품질이 일정하게 유지되고, 꿀과 바닐라 같은 복잡하고 깊은 향이 나게 된다고 합니다.

글렌피딕 테이스팅을 진행해 봅니다. 글렌피딕 21년 Gran Reserva가 인상적입니다. 럼 캐스크에서 4개월간 캐스크 피니싱(Cask Finishing)을 진행하였다고 합니다. 바닐라와 바나나 같은 과일 향, 토피 넛의 느낌도 납니다. 럼 캐스크를 평소에 좋아하지 않는 나도 상당히 재미있게 먹은 제품입니다.

2023년 11월, 나는 Emotion과 함께 글렌피딕을 재방문합니다. 이번에는 투어를 진행하지는 않았지만, 나의 친구 Emotion은 위스키 라운지에 가서 위스키 한 잔을 테이스팅을 합니다. 도수 58도의 글렌피딕 1992년 셰리 벗 제품이더군요. 싱글 캐스크(Single Cask) 제품에 붉은빛이 도는 셰리 벗 제품이라니. 심지어 글렌피딕의 몰트 마스터인 브라이언 킨스먼(Brian Kinsman)이 직접 고른 제품입니다.

〈Emotion의 테이스팅 후기 및 글렌피딕에 대한 인상〉

테이스팅 제품 : William Grants & Sons. Glenfiddich, Selected by Brian Kinsman. Cask Type : Sherry Butt. Cask Year : 1992. Cask No : 1709. ABV : 58%.

글렌피딕에 대해 내가 가지는 인상은 조니워커와 비슷했습니다. 순하고 복잡한 맛을 좋아하는 제조사. 그 정도라고 나는 생각합니다. 그런데 그날 마셔본 위스키는 선이 굉장히 굵고 묵직한 맛을 선사해 깜짝 놀랐던 기억이 납니다. 색은 로제 와인보다 조금 더 붉은 정도이고 당도는 높습니다. 한 번 마시니 맛이 입안에 뭉쳐 빠져나가지 않는 것이 마치 저 무저갱으로 나를 끌고 내려가는 것 같습니다. 그렇게 한 입 삼키고 나니 화사한 과일 냄새와 꽃향기가 찾아왔습니다.

참으로 신기한 생각에 캐스크 스트렝스라 그런 것이 아닐까 하여 물 몇 방울을 타서 마셔보니 전혀 생각지도 못한 참외 향과 자두 냄새가 나를 반겼습니다. 글렌피딕에 대한 인식을 바꿔 준 참으로 놀라운 한 잔이었습니다.

테이스팅을 마치고 우리는 글렌피딕 15년 제품을 한 병씩 직접 핸드
필합니다.

당시 크리스마스가 한 달 정도 남았는데도 스코틀랜드는 벌써부터 크
리스마스 분위기였습니다. 글렌피딕 증류소는 100여 개가 넘는 초록색
의 글렌피딕 12년 병으로 크리스마스 트리를 만들고 있더군요. 마치 위
스키 세계의 문지기가 우리를 환송하러 나온 기분이었습니다.

글렌알라키(Glenallachie) / 아벨라워(Aberlour) / 글렌드로낙(Glendronach) : 셰리 명가들

에디터 K

글렌알라키, 아벨라워, 글렌드로낙은 모두 내가 좋아하는 셰리 위스키를 잘 만드는 증류소들입니다. Emotion은 셰리에 그다지 큰 흥미가 없는 것 같아 셰리를 잘 다루는 세 증류소에 대한 이야기를 간단하게 해보고자 합니다.

2023년 2월, 나는 홀로 미국 워싱턴 D.C에서 대서양을 건너 스코틀랜드로 향합니다. 스페이사이드에서 가장 가까운 애버딘 국제공항을 통해 입국 수속을 한 후 방문한 첫 증류소가 글렌알라키 입니다.

글렌알라키 하면 떠오르는 인물은 빌리 워커(Billy Walker)일 것입니다. 가끔 글렌알라키 증류소에 빌리 워커가 출근하기도 한다는데, 아쉽게도 나는 그를 마주치지는 못했습니다. 그래도 증류소 투어 중 관계자로부터 그에 대한 설명을 들을 수 있었습니다.

빌리 워커는 한때 셰리 위스키로 유명한 벤리악과 글렌드로낙, 글렌그

한 방울의 탐험. 위스키 증류소와 나만의 술 이야기

라소를 인수하였다가, 2017년 모두 매각한 후, 글렌알라키를 인수하며 마스터 디스틸러의 자리에 오르게 됩니다. 그는 증류소에 혁신의 바람을 불러 일으키는데, 발효 시간을 3배 가까이 늘리는 한편 생산량을 기존의 1/5로 줄여 위스키의 품질을 높였다고 합니다. 또한 그는 캐스크에도 투자를 아끼지 않는다고 관계자는 강조합니다. 이러한 복합적인 역사와 혁신을 통해 오늘날의 글렌알라키가 셰리 명가 증류소가 된 것이겠지요.

글렌알라키에서 테이스팅 하면서 인상깊었던 위스키는 2011 Oloroso 핸드필 입니다. 초콜렛과 바닐라의 맛과 향이 나며, 건과일 향도 약간 납니다. 60.5도를 자랑하는 Cask Strength 제품이기 때문인지는 모르겠으나 꽤나 스파이시 하네요. 약간의 물을 첨가하니 셰리 와인의 느낌이 물씬 올라옵니다.

다음날 아침, 나는 숙소 옆 스페이 강(Spey River)을 따라 길을 걸어 아벨라워 증류소에 도착하게 됩니다.

아벨라워는 당시 방문자 센터만 운영하였기에, 아쉽지만 증류소 내부를 살펴보지는 못했습니다. 다만 나는 관계자로부터 1879년 제임스 플레밍(James Fleming)으로부터 이어져 내려온 아벨라워의 역사에 대한 이야기를 듣고 나서 테이스팅을 진행합니다. 아벨라워에서 테이스팅 하면서 인상깊었던 위스키는 11년 숙성의 Oloroso Sherry Distillery Exclusive 제품입니다. 도수는 49.4도이며, 체리와 헤이즐넛, 블루베리와 생강의 향이 납니다. 오렌지와 자두, 초콜렛과 넛맥의 맛도 납니다. 아벨라워

아브나흐가 생각나는 셰리의 맛입니다.

9달이 흐른 후 2023년 11월, 나는 이번에는 Emotion과 함께 다시 한번 스코틀랜드에 방문하게 됩니다. 스페이사이드(Speyside)의 발베니와 글렌피딕 증류소를 방문한 다음날, 우리는 하이랜드(Highland)의 글렌드로낙 증류소를 방문하게 됩니다. 특별한 기교를 부리지 않고 기본기로 승부를 거는 모습이 좋다고 Emotion이 마음에 들어하는 증류소였습니다. 나 역시 좋아하는 증류소였기에 기대하는 바가 있었습니다.

글렌드로낙의 견학은 심심하다면 심심했지만 굉장히 알찼습니다. 특히 대답하기 힘들 수 있는 세세한 수치나 셰리 캐스크를 다루는 민감한 문제에 대한 질문도 막힘없이 대답해 주는 가이드분이 굉장히 인상적이었습니다. 증류소의 종사자분들도 자신이 어떤 역할에 있는 것인지 명확하게 이해하고 있는 느낌이었습니다. 명가란 이런 것이 아닐까 새삼 생각하게 됩니다.

투어의 막바지에는 테이스팅을 진행했습니다. 글렌드로낙에서 테이스팅 하면서 인상깊었던 위스키는 2011 Oloroso Puncheon 제품 입니다. 도수는 62.3도, 12년 숙성 제품 입니다. 신선한 과일향이 났으며, 체리나 메이플시럽 같은 맛이 납니다. 과연 셰리의 명가 글렌드로낙의 정수가 담긴 한 잔이었습니다.

체리 혹은 블랙베리와 같은 열매의 향, 건과일의 달달하면서 농축된 맛과 향, 초콜릿의 달달하면서도 쌉쓸한 느낌, 그리고 시나몬과 같으면서도 도수에서 추가적으로 느껴지는 우디-스파이시함. 나는 이러한 셰리 캐스크 숙성 위스키의 특징적인 특징들을 참 좋아합니다. 물론 모든 셰리 캐스크가 무조건 저런 맛이 난다는 의미는 아닙니다. 세 증류소에서 맛본 테이스팅 위스키들을 다시 한번 떠올려 봅니다. 기본적으로 같은 셰리 캐스크 위스키여도 증류소의 철학마다, 각각 다른 캐스크의 속성에 따라 맛과 향의 방향성이 달라지지요. 나는 그 다양한 셰리의 속성들을 모두 좋아합니다. 같은 뿌리에서 자라나는 각각의 가지가 다른 방향으로 향하는 것과 비슷한 이치겠지요. 글렌알라키, 아벨라워, 글렌드로낙 세 증류소의 미래를 기대해 봅니다.

글렌파클라스(Glenfarclas) : 푸른 벌판의 계곡

위스키 공부를 하러 스코틀랜드로 날아간 적이 있습니다. 당시 12개 정도 증류소를 방문했는데, 오늘은 그 중 가장 인상깊은 증류소 중 하나인 글렌파클라스 증류소에 관한 이야기를 하려고 합니다.

푸른 벌판의 계곡이라는 뜻의 글렌파클라스 증류소는 1836년 로버트 헤이가 설립한 후, 1865년 존 그랜트가 인수하면서부터 그랜트 가문에 의해 운영되고 있습니다.

여러 어려움을 겪었지만 그랜트 가문은 이를 극복하고 증류소를 성공적으로 운영해 왔고, 현재까지도 글렌파클라스는 한 가문에 의해 운영되는 몇 안되는 증류소 중 하나입니다.

증류소 견학을 시작하면서 맨 처음 반겨 준 것은 의외로 몰팅룸이 아니라 제분기였습니다. 오래전에 몰팅룸을 없앤 글렌파클라스는 몰팅 전문회사로부터 몰트를 구입하여 위스키를 만든 지 꽤 되었다고 합니다.

제분기 또한 특이했는데, 보통 위스키 증류소의 제분기가 4개의 바퀴를 사용하는 것에 비해 이곳의 제분기는 5개의 바퀴를 사용해 몰트를 갈아내고 있었습니다. 이러한 제분기는 더 균일한 입자 크기를 제공하여, 발효 과정에서 최적의 당화를 이끌어 낸다고 합니다.

글렌파클라스는 발효 과정에서 스테인리스 스틸 워시백(발효통)을 사용합니다.

다른 증류소는 보통 발효를 시킬 때 나무로 된 워시백을 사용하는데, 스테인리스로 된 워시백을 사용하는 증류소는 이곳이 유일했습니다.

궁금한 마음에 관계자분에게 이것이 위스키 풍미에 영향을 미치지 않는지 물어보자 그들은 영향이 없다고 단언했습니다. 오히려 이런 대답을 하며 웃었죠.

다른 증류소가 나무로 된 워시백을 청소하고 보수한다고 일하는 동안 우리는 깨끗하게 청소하고 푹 쉽니다. 오히려 워시백이 커서 생산량도 많지요.

200년을 바라보는 역사를 가진 증류소라면 전통에 집착할 것이라고 생각했는데, 오히려 소탈한 모습이라 상당히 인상적이었습니다.

코일을 이용한 간접 가열방식을 이용하는 현 추세에 반해 글렌파클라스는 전통적인 직접 가열 방식의 구리 증류기를 사용하며, 그들은 이것이 위스키에 묵직하고 독특한 풍미를 더한다고 믿습니다.

개인적으로 글렌파클라스 위스키를 좋아하는 이유가 상대를 가리지 않고 스트레이트 강편치로 모든 것을 해결하는 정직한 풍미 때문인데, 그것이 여기에서 나오지 않았나 생각합니다.

또한 글렌파클라스는 환경을 생각하는 증류소입니다. 증류를 하며 생기는 잔여열은 인근의 난방에 사용되고 있고, 증류잔여물은 해독 과정을 거쳐 폐기됩니다. 당시 관계자의 말이 굉장히 인상적이라 여기에 인용합니다.

푸른 벌판이라는 뜻을 가진 글렌파클라스의 이름처럼, 우리는 푸른 환경을 지키기 위해 노력할 것입니다.

마지막 순서는 가장 인상깊었던 테이스팅룸이었습니다. 1913년 건조된 여객선 RMS Empress of Australia의 흡연 라운지를 1952년에 통째로 뜯어온 것이라고 합니다. 굉장히 고풍스럽고 아름다우며, 전시된 액자들도 흥미로운 내용들이 가득하니 방문하시는 분은 꼭 둘러보시길 바랍니다.

물론 전통을 지키는 가족 경영 증류소라고 마냥 좋은 것만은 아니었습니다. 독립 병입자나 블렌딩용 원액을 적게 내고 싱글몰트 보틀링을 주력으로 하는 만큼 위스키 불황기의 영향을 크게 받는 모습을 많이 보였습니다.

그 결과 지금은 오래된 원액 재고를 많이 갖고있는 강력한 증류소가 되긴 했지만, 언제 또 위기가 올지 모르죠. 개인적으로 팬인 증류소인 만큼 오래오래 이어가길 바랍니다.

한 방울의 탐험. 위스키 증류소와 나만의 술 이야기

보모어(Bowmore) : 아일라의 뿌리

보모어 증류소는 글렌파클라스와 함께 개인적으로 좋아하는 증류소입니다. 전혀 불쾌하지 않은 부드러운 피트와 등을 받쳐주는 것만 같은 중후한 나무 냄새를 나는 참 좋아합니다. 그 사이에서 흘러나오는 화사한 꽃향기는 내가 술을 마시는 게 아니라 어떤 작품을 감상하는듯한 착각까지 일으킵니다. 우연이지만 우리가 아일라 섬에 도착하고 가장 먼저 들른 증류소도 바로 이 보모어였습니다.

증류소를 찾아가면서 나는 참으로 생소한 경험을 하게 되는데, 바로 걸어서 증류소를 찾아가는 것이었습니다. 보통 증류소는 인적이 드문 강이나 계곡 인근에 지어지기 때문에 도시와는 멀리 떨어진 것이 정상입니다. 그런데 이 증류소는 대놓고 해안 도시 한복판에 서 있으니 나는 당황을 감출 수 없었습니다.

이후 놀랍게도 보모어 증류소가 세워진 마을의 이름도 보모어라는 사실을 나는 알 수 있었습니다. 규모가 큰 슈퍼마켓과 우체국 등 탄탄한 인프라를 갖추고 있는 이 마을은 1768년 당시 아일라 섬의 지주인 캠벨 가문에 의해 스코틀랜드 최초의 계획도시로 세워집니다. 마을과 함께 세워져 같은 이름을 가지게 된 보모어 증류소는 아일라 최초의 증류소로 250년이 넘는 세월 동안 그 자리를 지키고 있습니다.

증류소 건물을 처음 봤을 때 느낀 감상은 '단순하다' 였습니다. 다른 증류소 건물들이 약간의 화려함이나 복잡함을 감추고 있는 것과는 다르게 보모어의 건물은 그 오랜 역사에도 불구하고 단순하게 생겼다는 생각을 떨치기가 어려웠습니다. 어쩌면 나는 그곳을 그냥 공장이라고 생각하고 지나쳤을지도 모릅니다.

약속된 시간이 되어 가이드가 우리를 맞이하며 첫 번째 순서인 몰팅실로 안내했습니다. 보모어는 아일라 섬에서 플로어 몰팅을 하는 세 곳 가운데 하나입니다. 몰팅실은 총 3개 층으로 존재하며, 각 층마다 보리 14톤을 깔아놓고 4시간에 한 번씩 뒤집어 줍니다. 작업의 편이를 위해 보리를 뒤집어주는 터너(Turner)를 사람이 끌며 진행합니다.

이후 몰트에 피트 향을 입히는 데 10시간, 몰트를 바람으로 건조하는데 20시간이 걸린다고 합니다. 피트 태우는 아궁이 옆에는 피트가 잔뜩 쌓여있었는데, 라프로익과 보모어는 같은 산토리 소속이라 피트도 인근의 피트 캐는 늪지대를 공유한다고 합니다. 다만 라프로익에서 피트를 사람이 직접 퍼내는 것과 달리 보모어는 기계로 피트를 퍼낸다고 합니다.

몰팅실에서도 그렇고 기계를 사용하는 것을 대수롭지 않게 생각하는 모습이 신기해 어떤 이점이 있는 것인지 질문해 보았습니다. 의외로 대답은 간단했습니다.

손이 덜 갑니다. 그리고 피트를 캐는 일은 사람보다 기계가 하는 것이 훨씬 환경파괴가 덜합니다.

나는 일전에 글렌파클라스에서 느꼈던 것과 같은 신선함을 느꼈습니다. 대부분 증류소가 전통을 지키는 모습만을 보여주고 싶어 할 때 변화하는 모습을 당당하게 보여주는 것은 그만큼 자신이 있다는 뜻일까요?

보모어가 직접 생산하는 몰트는 위스키 제작에 사용되는 전체 몰트의 25~30% 정도라고 합니다. 한번 당화를 할 때마다 본토에 있는 몰트 업체 심슨즈(Simpsons)에서 조달한 몰트 5.5톤을 섞어 사용합니다. 아일라 섬 대부분 증류소는 섬에 있는 포트 엘런 공장의 몰트를 사용하지만 약한 피트를 지향하는 보모어와 피트를 거의 쓰지 않는 부나하벤(Bunnahabhain)만이 심슨즈 몰트를 사용한다고 합니다.

그렇게 들어간 당화실에는 눈길을 끄는 녀석이 있었는데, 바로 당화조(Mash tun)였습니다. 다른 증류소는 모두 스테인리스 스틸로 된 당화조를 사용하는데 보모어의 당화조는 본체는 스테인리스에 지붕은 구리로 된 기묘한 모습을 하고 있었습니다. 가이드에 따르면 과거 쥬라 증류소에서 사용하던 것을 지붕만 뜯어온 것이라고 하는데, 어쩌다 뜯어온 것인지는 들은 기억이 없습니다. 구리에는 항균 작용이 있고 열전도율도 뛰어나 증류장치가 아닌 장비도 구리를 사용하려고 한다네요.

이후 증류 시설로 가기 위해 발효조(Washback)를 거쳐가는데 한 가지 특이한 점을 발견했습니다. 발효조 위에 사람 이름이 적힌 팻말이 있는 것이었습니다. 혹시 누군가 발효조를 기부한 것일까 궁금해 가이드에게 물어보니, 역대 보모어 증류소의 소유주를 적어둔 것이라고 하더군요.

　증류 시설을 거쳐 보모어의 숙성고에 들어가 볼 수 있었습니다. 문이 열리자 희미한 바다 내음이 나를 반겼습니다. 숙성고가 아예 바다와 맞닿아 있기 때문에 바닷바람의 영향을 많이 받는다고 합니다. 실제로 벽면을 보니 돌로 된 표면에 칙칙한 색의 소금 결정을 발견할 수 있었습니다. 이런 짭조름한 바람의 영향을 받아 보모어의 위스키가 탄생하는 것 같습니다. 실제로 숙성고는 습도가 조금 있는 편이라 증발량이 연간 1%밖에 되지 않는다고 하네요.

　숙성고를 떠나기 전 특이한 캐스크를 하나 발견할 수 있었습니다. 사람 이름이 적힌 캐스크였는데, 가이드에게 물어보니 개인이 맡긴 캐스크라고 합니다. 캐스크를 구입하고 일정 비용을 지불해 보모어의 증류액을 넣어 숙성하는 것이라고 하는데, 어느 부호가 아들의 탄생을 기념해 숙성을 맡긴 물건이라고 합니다. 우리나라에도 종종 있는 탄생주 같은 것이겠지요. 긴 세월을 지나 우리 곁에 함께하는 위스키의 속성을 다시 한번 생각할 수 있었습니다.

　마지막 순서에는 테이스팅 룸에서 특별한 위스키를 맛볼 수 있었습니다. 가장 기억에 남는 것이 아직 숙성 중인 셰리 캐스크 원액이었는데 그렇게 오랜 기간 숙성된 게 아닌데도 간장처럼 진한 색을 갖고 있었습니다. 아마 전설처럼 들리는 블랙 보모어는 이것보다 진한 색을 갖고 있겠죠. 개인적으로 보모어의 중후함이 무엇인지 확실하게 알 수 있는 한 잔이었다고 생각합니다. 눈에 크게 띄는 특징은 없지만 꽉 찬 육각형에 무게 잡힌 중심이 더없는 안정감을 주었습니다.

중류소를 떠나기 전, 마지막으로 가이드에게 질문을 했습니다. 비교적 적게 사용할 뿐이지 보모어도 피트를 중요하게 사용하는 중류소인데, 영국 정부의 피트 금지령에 대해서 어떻게 대응하고 있는지가 궁금했습니다. 가이드의 말에 의하면 환경을 생각하는 것은 중요하고, 현재는 피트의 대체 물질을 찾아 연구하고 있다고 합니다. 그의 마지막 말이 기억에 남아 인용합니다.

하지만 우리는 결국 방법을 찾을 것입니다.

라가불린(Lagavulin) : 피트의 해석

에디터 K

스코틀랜드의 아일라 섬은 일명 "피트 위스키"로 유명합니다. 라가불린(Lagavulin), 라프로익(Laphroaig), 아드벡(Ardbeg)을 비롯한 많은 증류소에서 피트를 사용하여 위스키의 재료인 맥아를 훈연합니다. 이탄(Peat)을 태워 나온 열과 연기로 맥아는 건조되는 과정에서 피트향을 머금고, 이는 위스키의 전반적인 풍미에 영향을 미치게 됩니다.

물론 같은 피트를 사용한다고 천편일률적인 맛과 향을 내게 되는 것은 아닙니다. 동일한 피트를 사용하는 여러 증류소들도 각각의 독자적인 특징이 존재합니다. 아드벡은 탄내(스모키)가 날카롭게 강하고, 라가불린은 흙과 식물의 향취가 불꽃처럼 강하게 타오르면서도 그 향취가 넓고 은은하게 퍼지는 느낌이 들고, 라프로익은 소독약 냄새가 매끈하게 퍼지는 느낌이 강하다고 나는 평가합니다.

나는 2023년 Emotion과 함께 여행을 하던 중 잠시 홀로 들른 라가불린 증류소에 대해서 이야기해 보고자 합니다.

라가불린 증류소에 들어오면 증류소 내에 작은 냇가처럼 물이 흐릅니다. 그런데 물이 갈색입니다. 피트 때문입니다. 그만큼 피트 사용에 열정적인 증류소라는 의미겠지요.

증류소 투어를 시작하며 나는 관계자에게 이러한 질문을 던졌습니다.

피트 사용에 있어서 라가불린이 아드벡, 라프로익 및 다른 아일라 증류소와의 차이점은 무엇이라고 생각하나요?

이에 대한 답변은 의외였습니다.

우리는 피트를 단순히 ppm을 높이거나 스모키함 혹은 소독약 냄새를 위해 사용하지 않습니다.
우리는 피트를 통해 라가불린의 풍부하고도 화사한 느낌을 만들어 냅니다. 예를 들어 과일이나 꽃 같은 느낌을 말이죠.

나는 평소에 피트란 스모키함, 소독약 같은 아이오딘 향으로 대표된다고 생각하였습니다. 라가불린의 독특한 특징이라고 한다면, 아드벡과 라프로익과는 달리 풍부한 과일, 꽃 혹은 식물의 향기를 느낄 수 있다는 점일 겁니다. 이러한 특징이 피트와 연결된다는 점을 알게 되었을 때 몇 초 동안 머리가 띵하였습니다.
관계자에 따르면 피트도 다양한 종류가 있다고 합니다. 스코틀랜드 본토의 피트는 산지의 이끼, 나무의 우디함, 더 진한 흙냄새가 특징인 반면에 아일라의 피트는 소금기, 해초 느낌, 아이오딘의 향취 그리고 스모키한 느낌이 더 강하다고 설명하였습니다. 특히 라가불린에서는 죽은 과일, 꽃 그리고 풀로 만들어진 이탄을 사용하여 라가불린 특유의 과일과 꽃 혹은 풀의 향을 살리고자 한다는 설명을 들었습니다. 그들은 피트만을 이용해 우리는 감히 상상도 할 수 없는 다채로움을 만들어 내고 있었습니다.

증류소 내부를 둘러보고 테이스팅 룸에 도착한 후, 관계자는 내가 질문한 내용에 대한 답변이 될 것이라며 라가불린 26년을 한 잔 테이스팅 시켜주었습니다. 라가불린 8년에서는 보기 힘든 꽃과 풀의 향기가 은은하고도 확실하게 올라옴이 느껴졌습니다. 피트에 대한 시야가 넓어지는 경험이었습니다.

아일라 섬은 제주도 1/3 크기의 꽤나 큰 섬임에도 불구하고 3000여 명의 사람만이 거주하고 있습니다. 관계자에 따르면 라가불린에서 일하는 직원의 친척이 바로 옆의 아드벡이나 라프로익 증류소에 일하는 경우가 허다하다고 합니다. 증류소 서로서로가 어쩌면 서로의 위스키 제조 기술, 피트 사용의 목적과 방법에 대해 너무나 잘 알고 있을지도 모른다는 생각이 문득 들었습니다. 그럼에도 불구하고 각 증류소가 저마다의 철학과 방법을 가지고 피트라는 재료를 이용하고 다채롭고 풍부한 맛과 향을 만들어낸다는 게 놀랍습니다. 분명 각자가 저마다의 철학을 가지고 증류소를 운영해나가는 것이겠지요.

하지만 라가불린을 비롯한 피트를 핵심으로 사용하는 증류소들의 미래가 밝지만은 않습니다. 환경파괴와 기후변화에 대비하기 위하여 스코틀랜드 정부는 2030년까지 스카치 위스키 생산에서 이탄의 사용을 단계적으로 중단하는 것을 적극 고려 중이라고 합니다.

　라가불린은 내가 아는 증류소 중에서 피트를 가장 자유롭게 사용하는 증류소입니다. 그들은 내가 정부의 피트 규제에 대해 질문할 때에도 규제 따위에는 아랑곳하지 않고 피트를 사용할 기세였습니다. 현실성은 없지만 정말 그렇다면 좋겠다는 생각이 들었습니다. 자유로운 그들의 영혼이 이 난관을 지혜롭게 헤쳐나갈 수 있기를 기원합니다.

부나하벤(Bunnahabhain) : 변치 않는 혼

Emotion

1881년에 설립된 부나하벤 증류소는 게일어로 'Mouth of the River'라는 뜻을 갖고 있습니다. 대충 강의 끝, 하구 라는 의미로 해석할 수 있겠습니다. 왜인진 모르지만 선원이 그려진 엠블럼을 자주 사용하고, 현재는 하이네켄 사의 소유로 알고 있습니다. 오래된 증류소인데도 특별한 사건이랄 게 없는 굉장히 조용한 증류소입니다.

스코틀랜드 여행을 계획할 때 부나하벤은 크게 기대하지 않은 증류소였습니다. 물론 위스키는 맛있는 증류소입니다. 부나하벤 12년은 엔트리급 위스키 중 가장 풍부한 맛을 갖고 있다고 생각했고, 그 외 제품들도 평이 모두 좋은 훌륭한 증류소였습니다.

문제는 증류소의 방향성이었습니다. 글렌파클라스처럼 묵직한 한 방으로 해결하는 것도, 보모어처럼 듬직한 편안함을 제공하는 것도 아닌, 그냥 옆집 사는 예쁜 친구 같은 이 기묘한 친근감과 풍부함은 내게 혼란만을 주었습니다. 이 증류소는 당최 어떤 위스키를 만들고 싶은 걸까요? 나는 그것이 궁금하여 우리의 여행 계획에 부나하벤을 편입했습니다.

부나하벤을 찾아가는 길은 충격의 연속이었습니다. 쿨일라 북쪽의 만에 위치한 부나하벤의 접근성은 내가 방문한 증류소 중 단연 최악이었습니다. 특히 증류소 도착 직전에 마주한 비포장 절벽길은 이걸 운전해서 오라고 만든 것인지 따지고 싶을 정도로 막장이었습니다. 당시 운전을 하던 에디터 K가 부산 운전도 이정도로 끔찍하지는 않다고 불평했던 기억이 납니다.

고생 끝에 방문한 부나하벤 증류소는 생각보다 소탈한 모습이었습니다. 앞마당에는 수리를 하는 것인지 캐스크가 나열되어 있었고 한적한 바닷가에 방문객 센터가 있었습니다. 그 근처의 선착장을 확인하며 나는 이 증류소가 보통 배로 오는 곳임을 추측할 수 있었습니다. 나중에 안 사실이지만, 선착장은 잘 사용하지 않고 보통은 트럭으로 물자를 운반한다고 합니다.

증류소 투어는 간단했습니다. 부나하벤의 공정에는 익히 알다시피 특별하다 할 것이 없었습니다. 오히려 가이드의 유머러스한 입담 덕분에 즐거운 투어였습니다. 아직 노년의 티가 나지 않는 여성인 가이드는 우리들 덕분에 주말에도 자신이 나와 일을 하고 있다는 아슬아슬한 농담을 던지기도 했습니다.

부나하벤의 위스키 제조 철학이 어떤 것이냐는 나의 질문에 기초에 충실하는 것이 그들의 모토라고 가이드는 설명했습니다. 아일라 섬에 있기 때문에 피트를 사용하면 좋은 피트 위스키를 만들 수 있겠지만 그렇게 하면 피트 위스키에 갇혀버린다고 그녀는 설명했습니다. 그녀의 마지막 말이 인상적이었으므로 인용구로 적어둡니다.

우리는 아일라 섬의 증류소가 아닌, 그냥 위스키 증류소입니다.

늘 그렇듯 마지막 순서는 위스키 시음이었습니다. 놀랍게도 시음장은 따로 없었고, 숙성고에서 바로 이루어졌습니다. 서늘한 공기에 둘러싸인 채 가이드는 편안해 보이는 모습으로 각각을 설명해 주었습니다. 우리는 올로로소, PX, 럼, 카나스타 캐스크의 제품들을 맛보았습니다. 이렇다 할 특징은 없었지만 모두 캐스크의 특성이 잘 드러나고 친근한 부나하벤의 맛을 하고 있었습니다. 나는 세리만 잘 사용한다고 생각했던 부나하벤의 인상을 새롭게 할 수 있었습니다.

〈에디터 K 각주〉

테이스팅 제품 : Bunnahabhain 2014 Canasta. ABV : 60.8%.

크림 세리 캐스크라니, 신기한 캐스크를 접하는 것은 언제나 환영입니다. 처음에는 익숙한 세리 캐스크 숙성 위스키의 느낌이 나더니, 카나스타 와인의 특징인 크림 쉐리 느낌이 올라오더군요. 팬케이크에 넣는 시럽이나 흑설탕의 느낌이 꽤나 났습니다. 마치 갓 만든 솜사탕 같았습니다. 거기에 곁들여 헤이즐넛이나 다크초콜릿의 느낌이 옆에서 약간 거들어주는 느낌이었습니다.

위스키의 맛을 곱씹으며 나는 부나하벤의 위스키 철학을 깨달을 수 있었습니다. 어떤 모습이더라도 편안하게 다가갈 수 있는 친근한 맛, 풍부하고 복잡하더라도 어렵지 않은 맛이 그들의 방향이라는 결론을 나는 내릴 수 있었습니다. 마치 글렌파클라스가 전통을 버리더라도 맛있는 위스키는 지키는 것처럼, 어떤 실험적인 위스키에서도 그들의 혼이 살아있음을 느낄 수 있었습니다. 상당히 신선한 충격을 받으며 나는 그렇게 아일라 섬을 나서는 길을 떠났습니다.

떠나는 길에 부나하벤에서 만난 한국인 친구를 태워다주며, 우리는 그가 택시를 타고 증류소까지 왔다는 사실에 경악을 금치 못했습니다. 당시 아일라 섬의 택시는 총 13대로, 엄청난 시간을 기다렸을 것임에 분명했습니다. 그렇게 힘든 길을 이겨낼 정도로 부나하벤을 좋아하는지 물어보자 그는 멋쩍은 듯 웃으며 "그냥 위스키가 좋아서"라는 대답을 했습니다. 여건에 구애받지 않는 것, 이것이 바로 철학의 참모습이 아닐까요. 떠나는 길에 친근한 부나하벤의 향이 떠오르는 것 같았습니다.

쿨일라(Caol ila) : 초보자를 위한 위스키 투어

에디터 K

쿨일라는 내가 가본 증류소 중 위스키 초보자들이 가장 이해하기 쉽게 투어를 진행하는 곳입니다. 몇몇 증류소는 위스키 제작 공정이나 캐스크에 대한 사전 지식이 필요하지만, 쿨일라는 술에 대해 전혀 모르는 사람도 쉽게 이해할 수 있도록 여러 영상과 도표, 도식 및 모형을 통해 위스키가 만들어지는 과정을 설명합니다.

Whisky has made us what we are. It goes with our climate and with our nature. It rekindles old fires in us, our hatred of cant and privilege, our convivality, our sense of nationhood, and above all our love of Scotland

Sir Robert Bruce Lockhard, Author & British Diplomat

쿨일라 증류소 투어는 이러한 멋진 문구와 함께 시작됩니다. 쿨일라의 역사가 담긴 사진과 글들을 지나 위스키의 역사에 대한 영상을 감상

합니다. 이후 쿨일라의 위스키 테이스팅 휠을 지나 위스키 생산 공정을 설명하는 미니어처 모델과 관계자의 상세한 설명을 들을 수 있었습니다. 이처럼 체계적으로 설명하며 보여 주는 증류소는 드물었습니다.

쿨일라는 조니워커 블랙과 그린라벨의 키몰트(Key Malt) 중 하나입니다. 조니워커 블랙은 카듀(Cardhu), 글렌킨치(Glenkinchie), 쿨일라(Caol Ila), 클라이넬리쉬(Clynelish) 4가지 키몰트 외에도 40여 가지가 블렌딩 된 블렌디드 위스키로 알려져 있습니다. "The Islay Home of Johnnie Walker"라는 별칭을 가진 쿨일라답게, 투어 도중 증류소 곳곳에서 스트라이딩맨(조니워커를 상징하는 신사 캐릭터)을 만날 수 있었습니다.

쿨일라에서의 투어는 예상보다도 더 만족스러웠습니다. 하지만 조니워커에 대한 이야기가 투어 중 상당 부분을 차지하고, 디아지오 소속 증류소답게 방문객 센터에서도 다양한 디아지오 소속 주류가 대부분인 점이 아쉬웠습니다. 테이스팅 중에도 조니워커 더블블랙을 제공하는 점이 쿨일라의 특성을 가려버린 것 같습니다.

쿨일라는 역사가 오래된 증류소지만, 주로 조니워커의 원료로 사용되어 싱글몰트 판매에 적극적이지 않았습니다. 2010년대에 들어서 아일라 위스키의 인기가 증가하면서 싱글몰트 판매를 시작하게 되었죠. 싱글몰트 위스키로서는 신생 증류소라고도 할 수 있는 쿨일라의 성장을 기대해 봅니다.

스프링뱅크(Springbank) : 뿌리 깊은 나무

우리의 스코틀랜드 여행은 마지막 장을 향해, 어느덧 캠벨타운(Campbel town)에 도착하였습니다. 스프링뱅크의 방문이 가까워지자 나는 참으로 기대가 차올랐습니다. 사실 당시의 나는 스프링뱅크는 고사하고 캠벨타운의 위스키는 한 잔도 마셔보지 못한 상태였습니다. 내가 아는 캠벨타운에 대한 정보는 이전 세기에 성황 했던 위스키 생산지였지만 지금은 쇠락해 버린, 흡사 디트로이트 같은 인상이었을 뿐입니다. 그럼에도 불구하고 내가 스프링뱅크의 방문을 기대했던 이유는, 속물스럽게도 투어 요금이 가장 높았기 때문입니다. 다른 증류소 투어가 예약에 5만 원, 아무리 높아봐야 10만 원을 넘지 않던 것에 비해 50만 원 가까운 금액을 부르는 증류소는 대체 얼마나 대단한 투어를 준비해 놨을지, 스스로 의구심이 있었던 것 같습니다.

스프링뱅크 역시 보모어처럼 마을 한복판에 자리하고 있었습니다. 비슷한 자리에 위치한 보모어와 마찬가지로 마을과 함께 자란 증류소가 아닐까 생각해 봅니다. 숙소에서 도보로 5분도 안되는 거리 덕분에 우리는 편하게 걸어서 증류소로 방문할 수 있었습니다.

1828년 설립된 스프링뱅크 증류소는 산하로 킬커란(Kilkerran), 롱로우(Longrow), 헤이즐번(Hazelburn)을 두고 있습니다. 설립 초기부터 현대까지 가족경영으로 운영되는 가장 오래된 증류소였으나, 우리가 방문하기 2달 전인 2023년 9월경에 가족경영 체제를 내려놓았다고 합니다. 우리가 방문할 당시는 이미 전문 경영인 체제로 전환이 완료된 상태였으며, Product Manager라는 직책이 생산의 모든 것을 총괄한다고 합니다.

투어를 위해 방문하자 우리가 안내된 곳은 놀랍게도 증류소에서 직접 운영하는 바였습니다. 이름도 워시백 바(WashBack Bar)라는 재미있는 이름이었습니다. 접객원의 안내에 따라 잠시 기다리니 인도계로 추측되는 남자가 다가와 인사를 건넵니다. 이번 투어의 가이드를 맡게 된 직원이라고 합니다.

가이드는 만나자마자 우리에게 스프링뱅크의 제품을 시음해 본 적이 있냐고 물었습니다. 에디터 K는 이미 스프링뱅크의 팬이었지만 나는 한 번도 마셔본 적이 없었습니다. 가이드는 증류소를 알려면 우선 그 증류소의 제품을 먼저 알아야 한다며 웰컴 드링크(?)로 스프링뱅크 제품을 몇 잔 건네주었습니다. 그중 첫 잔은 헤이즐번 24년으로, 그것이 나의 스프링뱅크 첫 체험이었습니다.

헤이즐번을 마셔 본 전체적인 인상은 살짝 글렌고인과 비슷한 느낌이었습니다. 피트감이 거의 없고 상당히 매끈한 질감이 느껴집니다. 글렌고인이 산뜻한 과일향을 좋아한다면 이 친구는 조금 더 중후한 향을 좋아한다는 느낌이 들었습니다. 물론 숙성이 오래되어서인지 글렌고인의 상위 호환이라는 느낌은 지울 수가 없었습니다.

　처음 마셔 본 스프링뱅크는 마치 오래되어 이끼 낀 버드나무를 마주하는 것 같은 느낌이었습니다. 하늘하늘한 질감과 중심을 무겁게 지키고 있는 보리 내음에서 함께 올라오는 이끼 같은 쿰쿰한 냄새도 취향에 따라 매력적으로 느껴질 것 같았습니다. 가장 놀라웠던 것은 두 잔 모두 맛의 여운이 굉장히 오래 남는다는 것이었습니다. 물론 내가 마신 제품이 좋은 것이었을 가능성도 있지만, 이것을 빼더라도 굉장히 훌륭한 위스키임에는 부정할 수 없었습니다. 그렇게 5시간에 걸친 투어가 시작되었습니다.

　스프링뱅크 투어를 진행하면서 첫 번째로 놀랐던 점은, 이 증류소가 몰팅부터 숙성, 병입까지 모든 것을 이곳 증류소에서 해결한다는 것입니다. 몰팅은 위스키 맛에 크게 영향을 주지 않는다는 것이 일반론이라 보통은 거대 몰팅업체에 외주를 맡기거나 직접 몰팅을 하더라도 몰팅업체의 몰트와 섞어서 사용하는 것이 대부분입니다. 숙성 또한 보통은 다른 곳에 서브 숙성고를 마련해 나눠서 숙성하는 것으로 위험부담을 최소화합니다. 나는 당황한 나머지 조금 거친 어휘까지 써가며 왜 그런 명청한 짓을 아직까지 하고 있는지 질문하였습니다.

　가이드는 이렇게 대답했습니다.

우리는 위스키 맛에 한치의 타협도 할 수 없기 때문입니다.

그 말에 나는 이 투어에 조금 더 기대를 하게 되었습니다.

앞서 이야기했다시피 스프링뱅크의 몰팅은 모두 증류소에서 자체적으로 이루어집니다. 가이드에 따르면 아직까지 스프링뱅크는 위스키에 사용하는 모든 몰트를 100% 수작업으로 몰팅한다고 합니다. 도대체 얼마나 많은 사람의 노력이 들어가는 것인지, 나는 절로 고개가 숙여졌습니다.

나중에 안 사실이지만, 스프링뱅크에서는 지역 보리를 사용하는 로컬발리(Local Barley) 에디션 또한 내놓는다고 합니다. 이 이야기는 나중에 다뤄보도록 하겠습니다.

이후 몰팅룸을 나와 제분기를 지나는데 묘하게 제분기가 고풍스러운 것을 확인할 수 있었습니다. 가이드에 따르면 Porteus Patent라는 오래된 회사의 마지막 모델이라고 하는데, 회사가 망해버리는 바람에 사설 수리업자를 데려와서 고쳐가며 쓰고 있다고 합니다. 고칠 줄 아는 수리업자도 이제 하나만 남았다고 하는데 왜 아직까지 이런 제품을 쓰고 있느냐 물어보니, 이 제품이 품질이 더욱 좋고 고장도 나지 않는다고 가이드는 대답했습니다. Porteus Patent 사가 망한 이유도 생산된 기계가 너무 튼튼하여 고장이 잘 나지 않아서라고 하니, 아이러니도 이런 아이러니가 없었습니다.

이후 둘러본 위스키 공정에서 나는 스프링뱅크와 킬커란의 증류기를 살펴보게 되었습니다. 왜인진 알 수 없지만 스프링뱅크는 원액을 모을 때 스피릿을 굉장히 강하게 붓는 편이었고, 그 과정에서 뿜어져 나오는 알코올 냄새는 코가 예민한 나에게 너무 가혹한 환경이었습니다. 나는 30초도 버티지 못하고 증류실을 나와야만 했습니다.

내가 본 스프링뱅크는 전체적으로 오래된 기계를 고쳐 쓰는 것을 선호하는 것 같은 모양새였고, 그래서인지 위스키 증류소보다는 오래된 방앗간을 거니는 느낌이 더 강했습니다. 때때로 피어 나오는 당화된 전분과 알코올 냄새가 묘하게 정겨웠습니다. 투어를 진행하며 곳곳에서 팻말을 발견할 수 있었는데, 읽어보니 위스키 제조과정을 설명하고 스프링뱅크는 어느 정도 수치로 진행하고 있는지를 알리는 팻말이었습니다. 아마도 관광객을 위한 것이겠지요. 글의 내용 또한 그대로 가져다가 교보재로 써도 될 만큼 훌륭했습니다. 방문객을 위한 세심한 배려가 돋보였다고 생각합니다.

스프링뱅크의 공정을 둘러본 후 잠시 킬커란 구경을 마치고 우리는 숙성고에서 Product Manager와 면담 및 시음 시간을 가질 수 있었습니다. 이전에 방문한 부나하벤처럼 오크통에서 직접 꺼내서 주는 것은 아니고, 병입이 완료된 제품을 가져와 마시는 형태였습니다. 모두 훌륭한 제품이었지만 그중 가장 특이한 친구가 있었는데, 한국에서 흔히 먹을 수 있는 와우 풍선껌이나 파인애플 같은 맛이 나는 위스키였습니다. 1990년부터 32년간 숙성한 버번캐스크 위스키였는데, Porduct Manager는 씨

익 웃으며 "Amazing, isn't it?"이라고 물었습니다. 나는 그 위스키를 마시고서야 비로소 위스키의 프루티(Fruity)가 무엇인지 깨달을 수 있었습니다. 진실로 놀라운 체험이었습니다.

위스키 시음을 마치고 우리는 Product Manager에게 질문 시간을 가질 수 있었습니다. 나는 한 가지 질문이 떠올라 그에게 다소 무례할 수 있는 질문을 던져 보았습니다.

스프링뱅크는 모든 생산공정을 증류소가 전부 부담하는 위험한 방식을 취하고 있다. 안전에 관한 문제는 기술적인 부분이니 묻지 않겠다. 하지만 신뢰에 관한 부분은 질문하고 싶다.
얼마 전 중국의 칭따오 양조장에서 직원이 원액에 소변을 누는 장면이 퍼져 칭따오의 평판이 추락하는 사건이 발생했다. 만약 이러한 사태가 이 곳에서 발생한다면 당신은 어떻게 대응할 것인가?

질문을 던진 직후의 분위기는, 잠시 정적이 흘렀던 것으로 기억합니다. Product Manager는 잠시 생각에 잠기고, 옆에 있던 에디터 K가 오히려 당황하던 기억이 납니다. 생각에 잠겨있던 그는 곧 대답을 꺼냈습니다.

모든 생산공정을 증류소가 전부 부담하는 것은 위험해 보일 수 있지만, 반대로 이야기하면 관리만 잘 될 경우 엄청난 신뢰를 얻을 수 있다는 이야기입니다. 증류소 투어는 그 신뢰를 위한 일이기도 합니다. 매일 전 세계에서 수십 명의 사람들이 구경을 오는데 직원이 허투루 일하는 것은 힘든 일입니다. 또한 당신이 말한 것과 같은 불상사가 생기더라도 우리는 더욱 투명하게 생산 과정을 공개하여 사람들의 신뢰를 얻어낼 것입니다.

상당히 인상적인 대답이었습니다. 위험한 질문에 이런 식으로 구체적인 답변을 들은 것은 처음이었던 것 같습니다. 조금 오기가 생긴 나는 다른 질문을 던져봤습니다.

얼마 전에 스프링뱅크는 가족경영 체제에서 전문인 경영 체제로 전환한 것으로 알려져 있다. 이것으로 인해 제품의 맛에 악영향을 줄 것이라는 세간의 인식에 대해서는 어떻게 생각하나?

그에 대한 대답은 이러했습니다.

경영인은 바뀌었지만 증류소는 바뀌지 않았습니다. 설비가 바뀌는 등의 문제가 아닙니다. 스프링뱅크를 사랑하는 사람이 있고 직원들이 성실히 일한다면 우리는 여전히 맛에 타협을 보지 않는 위스키 증류소로 남아있을 것입니다.

그 말을 듣고 내 머릿속에는 잠시 '뿌리 깊은 나무는 바람에 흔들리지 않는다'라는 용비어천가의 한 구절이 떠올랐습니다. 망한 회사의 제품이 품질이 좋아 여전히 사랑받는 것처럼, 스프링뱅크 또한 경영인이 바뀔지언정 타협을 보지 않는 모습을 유지하며 사랑받을 것이라는 그의 대답은 상당히 마음에 들었습니다. 나는 기꺼운 마음으로 면담을 마치고 투어의 다음 순서로 향했습니다.

Product Manager와의 면담을 마치고 다시 워시백 바로 돌아오니, 우리를 위한 점심이 준비되어 있었습니다. 메뉴는 차가운 훈제 연어와 뜨거운 구운 연어, 현지에서 훈제한 홍합, 연어 파테, 지역 치즈, 그리고 딱딱한 빵과 버터를 곁들인 수제 처트니(인도에서 유래한 소스)였습니다. 위스키와 함께 먹기에 딱 어울리는 메뉴였고, 이미 위스키를 꽤 마신 상태였던 터라 입가심으로 제격이었습니다.

가볍게 식사를 마친 후, 드디어 투어의 마지막 순서인 '나만의 바틀 만들기' 시간이 다가왔습니다. 우리는 실험실 같은 공간으로 안내되었고, 그곳에는 위스키로 가득한 플라스크들이 놓여 있었습니다. 각 플라스크에는 다음과 같은 위스키가 담겨 있었습니다.

- 퍼스트필 버번 캐스크, 14년 숙성
- 리필 소테른 캐스크, 11년 숙성
- 리필 포트 캐스크, 11년 숙성
- 리필 럼 캐스크, 15년 숙성
- 리필 셰리 캐스크, 11년 숙성
- 퍼스트필 셰리 캐스크, 14년 숙성

각 위스키는 최대 500ml까지 넣을 수 있었습니다. 나는 시음용 플라스크에 담긴 위스키를 하나씩 맛보았습니다. 가이드에 따르면, 이 모든 위스키는 캐스크에서 꺼낸 그대로의 원액이었습니다.

버번 캐스크를 맛보자, 나는 이전에 숙성고에서 맛본 32년 버번 캐스크의 과일 향과 버터 느낌이 떠올랐습니다. 밸런스가 좋고 안정적이어서, 강한 개성을 가진 다른 위스키들과 잘 어울릴 것 같았습니다. 셰리 캐스크는 예상보다 훨씬 더 진하고 달콤한 맛을 선사했습니다. 특히, 퍼스트필 셰리 캐스크 14년은 명가의 셰리에는 미치지 못했지만, 거의 필적하는 셰리 폭탄이었습니다. 잠시 고민하다가, 나는 퍼스트필 셰리와 리필 셰리 400+300ml로 극강의 셰리 바틀을 만들까 했지만 곧 그만두었습니다. 이번 투어에서 느낀 스프링뱅크의 정체성은 풀 셰리와는 거리가 멀다고 생각했기 때문입니다. 내가 느낀 스프링뱅크의 정체성은 마치 오래된 나무와 이끼 냄새, 그리고 그 사이로 불어오는 바람의 향이었습니다. 약간은 드라이한 쪽이 더 어울린다고 판단했습니다.

곧 나는 포트 캐스크에 주목했습니다. 포트 캐스크는 셰리보다 드라이하며, 가성비가 좋아 나도 좋아하는 종류입니다. 시음해 보니 기대한 만큼의 맛은 있었지만, 메인으로 쓰기에는 아쉽다는 느낌이 들었습니다. 이걸 메인으로 쓸 바에는 리필 셰리가 더 나을 것 같았습니다. 럼 캐스크는 나에게 너무 난해해, 한모금 마신 후 더 이상 손대지 않았습니다. 마지막으로 소테른 캐스크를 시음했습니다. 디저트 와인으로 유명한 이 캐스크는 산뜻한 단맛이 특징입니다. 한모금 마셨을 때의 첫 느낌은 '가볍다'였습니다. 깔끔하게 넘어가는 맛이 마음에 들었고, 순간 이 친구를 메인으로 삼아보자는 생각이 들었습니다. 결국 몇 번의 시도를 거쳐 소테른 400ml, 버번 200ml, 포트 100ml로 나만의 바틀을 완성했습니다.

혼합을 마치자, 가이드는 도수 측정 후 혼합액을 병입하고 라벨에 도수를 적어 주었습니다. 코르크를 닫고 밀봉하니, 비로소 이 병이 내 것이 되었다는 실감이 들었습니다. 가이드로부터 소정의 선물을 받고, 5시간에 걸친 스프링뱅크 투어가 마무리되었습니다.

투어 종료 후 방문자 센터로 돌아가 구경을 마쳤습니다. 방문하기 전에는 절반 정도 남아 있던 케이지 바틀이 이미 모두 팔린 것을 보고, 미리 구매해 둔 것이 다행이라 생각했습니다. 케이지 바틀을 수령하고 몇 가지 기념품을 구입한 후, 이번 투어가 꽤 만족스러웠다는 생각이 들었습니다. 만약 스프링뱅크 투어를 고려하고 있다면, 'Barley to Bottle' 투어를 강력히 추천합니다.

숙소로 돌아와 쉬던 중, 스프링뱅크의 상쾌한 바람 냄새가 그리워져 다시 워시백 바를 찾았습니다. 늦은 밤의 바는 마감 준비로 분주했고, 우리의 가이드를 맡았던 직원이 바에서 일하고 있었습니다. 한 잔만 가능하다는 그의 말에, 나는 스프링뱅크를 더 알고 싶으니 가격에 상관없이 이 증류소를 가장 잘 설명할 수 있는 한 잔을 달라고 부탁했습니다. 잠시 고민하던 그는 한정판으로 출시된 로컬 발리 에디션 13년을 내어주며 담담하게 말했습니다.

이제는 스프링뱅크가 캠벨타운입니다.

설명에 따르면, 로컬 발리 에디션은 캠벨타운 인근에서 자란 특별한 보리만을 사용한 위스키라고 합니다. 나중에 알게 된 사실이지만, 이 보리는 일반적인 위스키 보리보다 더 단단하고 크기가 작다고 합니다. 한 모금 마셔보니, 보리 향이 코끝까지 전해졌습니다. 마치 이끼 낀 나무 뿌리 사이를 헤집고 들어가는 듯한 복합적인 향이 긴장을 놓지 못하게 했습니다. 매우 흥미로운 한 잔이었지만, 이 위스키가 왜 스프링뱅크를 대표하는지 이해하지는 못했습니다. 시간이 다 되었기 때문입니다.

 숙소로 돌아가며, 나는 그 한 잔의 의미를 곱씹어보았습니다. 킬커란과 헤이즐번 등 한때 사라진 캠벨타운의 증류소를 부활시켜 산하로 둔 스프링뱅크, 그리고 지역 보리를 사용해 매년 새로운 위스키를 선보이는 모습에서 그들이 캠벨타운을 얼마나 사랑하는지 느낄 수 있었습니다. 마치 땅을 사랑하는 나무처럼, 스프링뱅크는 캠벨타운에 뿌리를 깊이 내리고 그와 함께 살아가고 있습니다. 내일도 그들은 보리가 자라 위스키로 태어나는 과정을 위해 땀을 흘리겠지요. 어쩌면 나는 이미 스프링뱅크의 팬이 되어 버린 것 같습니다.

글렌고인(Glengoyne) : 청초(淸楚)

Emotion

캠벨타운을 뒤로 하고 우리는 스코틀랜드를 떠나는 비행기를 타기 위해 글래스고로 향했습니다. 그러던 중 내비게이션 화면 한구석에 글렌고인 증류소가 있는 것을 발견한 우리는 무언가에 홀린듯 글렌고인으로 차를 돌렸습니다. 그렇게 우리의 마지막 증류소 투어가 시작되었습니다.

'거위의 계곡'이라는 의미의 게일어를 이름으로 한 글렌고인 증류소는 1833년 듐고인(Dumgoyne) 언덕 기슭에서 시작했습니다. 방문 전인 당시에도 참 특이한 증류소로 내 기억속에 남아있었습니다. 이유는 여러 가지가 있었지만 가장 대표적인 것은 피트를 끔찍하게 싫어한다는 점이었습니다. 피트 향이 위스키에 주는 다채로움을 인정하는 업계의 주류에 정면으로 도전하는 그들의 철학은 나에게 생소한 것이었습니다. 심지어 그들은 '피트는 순수한 위스키의 맛을 해친다'라고 주장하며 피트 없이도 다채로운 위스키를 만들어내는 것을 목표로 활동하고 있습니다. 풍부한 과일향과 매끄러운 질감이 특징입니다.

하이랜드식 위스키를 만들지만 숙성고가 로우랜드에 있기 때문에 법적으로 글렌고인 증류소는 로우랜드에 속합니다. 물론 실제로 로우랜드로 취급되는 일은 드뭅니다. 우리가 내린 증류소 주차장이 로우랜드고, 도로 하나만 건너가면 하이랜드라니, 클랜단위 시절 스코틀랜드의 모습을 이렇게 발견할 수 있어 퍽 즐거웠습니다.

증류소 주차장에서 내리고 바라본 글렌고인 증류소의 모습은 참 예뻤습니다. 증류소 건물에 이런 말이 어울릴지는 잘 모르겠지만, 꼭 동화속 공방같은 배치와 깔끔하게 정리된 외관은 고즈넉해보이던 글렌드로낙을 떠올리게 만들었습니다. 비행기 출발까지는 얼마 남지 않았기 때문에 우리는 서둘러 방문객 센터로 발걸음을 옮겼습니다. 현장에서 2시간짜리 투어를 결제한 것으로 기억합니다.

글렌고인의 몰팅은 조금 특이했습니다. 가이드에 의하면 몰트를 햇볕에 말린다고 하는데, 보통은 열풍으로 말리는 것을 햇볕으로 말리는 이유가 궁금했습니다. 가이드는 '친환경적인 방법을 사용하기 위해서'와 '위스키에 독특한 풍미가 추가되기 때문'이라는 두 가지 설명을 내놓았습니다.

내부의 전체적인 인상은 마치 청결한 식품 공장을 보는 것 같은 느낌이었습니다. 물론 위스키를 만드는 공장이니 당연한 이야기이지만 먼지 낀 방앗간 같던 스프링뱅크와 다르게 이곳은 병적인 수준으로 깔끔했습니다. 글렌파클라스도 나름 위생에 열심히였지만 설비가 반짝반짝하게 빛날 정도로 위생에 집착하지는 않았던 것으로 기억합니다. 혹시나 최근 설비를 바꿔서 이런 것일까 궁금하여 질문해 보니, 그냥 평소에 위생 관리를 열심히 하는 것이라고 합니다.

글렌고인의 증류기에서는 한가지 특이한 이야기를 들을 수 있었는데, 글렌고인 증류소의 증류기는 다른 증류기에 비해 3배 느리게 작동한다는 것입니다. 가열을 적게 한다는 이야기인가 싶었지만, 단순히 증기를 느리게 내보낸다는 이야기라고 합니다. 기술적인 이야기라 잘 이해하지 못했지만 증기가 구리 증류기 안에서 더 오래 머무르며 구리와 접촉을 통해 더 부드러운 풍미를 가지게 된다고 가이드는 설명했습니다.

또한 증류과정에서 발생하는 폐수는 정화하여 배출한다고 합니다. 폐수를 정화하여 배출한다고 언급한 증류소는 글렌파클라스에 이어 이번이 두번째입니다. 더불어 전력 생산에 있어 친환경 에너지를 사용한다고 하니, 환경을 생각하는 그들의 마음을 잘 알 수 있었습니다. 청결한 위생으로 마음에 들었지만 자연과의 조화를 생각하는 이 증류소가 좀 더 마음에 드는 것 같았습니다.

이어서 방문한 숙성고에서는 숙성고보다 다른 것이 더 눈에 띄었습니다. 위스키 캐스크 샘플들과 30년간 캐스크에 따른 색 변화 및 엔젤스쉐어를 표본으로 따서 전시를 해놓은 것이었습니다. 너무나 좋은 교육자료여서 나는 그대로 사진으로 찍어 보관했습니다. 생각했던 것 이상으로 초심자도 알기 쉽게 장치를 많이 해놓은 증류소여서 인상적이었습니다.

마지막으로 인상적인 체험은 시음실이었습니다. 다른 증류소가 그냥 마셔보라고 위스키를 내놓기만 하는 것과는 다르게 글렌고인은 플레이버휠을 띄워서 어떤 맛을 찾을 수 있는지 하나하나 알려주었습니다. 자칫 위스키 맛의 감상을 가둬버릴 수도 있는 것이지만 위스키 맛을 잘 찾지 못하는 초심자에게는 굉장히 고마운 배려가 아닐까 생각합니다. 덕분에 우리와 함께 투어를 진행한 사람들도 즐겁게 테이스팅을 진행했습니다.

어느새 나는 비행기 시간이 가까워져 황급히 증류소를 빠져나가야 했습니다. 자연을 생각하고 사람을 생각하는 순박한 증류소를 조금 더 알고싶은 아쉬운 마음을 뒤로 하고 우리는 글래스고 공항으로 향했습니다. 그렇게 나의 스코틀랜드 여행은 마무리되었습니다.

클라이드사이드(Clydeside) :
이역만리의 동포를 만나다

에디터 K

한국으로 먼저 떠난 Emotion을 뒤로하고 나는 글래스고에 홀로 남게 됩니다. 할일을 찾던 나는 도심에 위스키 증류소가 있다는 사실을 알게 되어 그곳을 방문하게 됩니다.

글래스고 도심 속 클라이드사이드 증류소는 글래스고 지하철 Partick 역에서 걸어서 15분 정도 떨어진 곳에 위치하고 있습니다. 클라이드 강 (River Clyde) 옆에 위치한 유리로된 스틸하우스가 내 눈을 사로잡습니다. 증류소가 되기 전 원래 건물은 1877년에 지어졌고, 한때 글래스고의 유명한 퀸즈 도크(Queen's Dock)의 입구를 통제하는 역할을 했다고 합니다. 퀸즈 도크의 별칭인 'Stobcross'는 현재 클라이드사이드 제품 중 하나의 이름이기도 하지요. 퀸즈 도크는 영국에서 가장 큰 상업 부두 중 하나였고, 글래스고가 주요 해운 도시 중 하나가 될 수 있게 해 주었다고 합니다. 현재 클라이드사이드 증류소의 로고 폰트는 퀸즈 도크를 위에서 내려다 봤을 때의 모양을 본따 만들었다고 합니다.

클라이드사이드는 2017년 오픈한 신생 증류소이고, 옛날 보모어를 소유했던 걸로 유명한 모리슨 가문의 소속이라고 합니다. 과거에 존 모리슨이라는 사람이 퀸즈 도크 건설에 참여했었고, 현재 클라이드사이드 증류소의 수원(水源)인 Loch Katrine을 키우는 데에 도움을 줬다고 합니다. 이러한 연결고리들을 바탕으로 2017년에 존 모리슨의 증손자인 팀 모리슨이 이 증류소를 열었다고 합니다. 이렇게 세워진 클라이드사이드의 위스키는 100% 스코틀랜드 보리와 카트린(Katrine) 호수의 맑은 물을 사용하여 글래스고 도시 중심부에서 증류된다고 합니다. 63.5도 도수의 뉴 스피릿과 각각 4년 4개월씩 숙성시킨 46도 도수의 아메리칸 화이트 EX-버번과 유러피안 올로로소 셰리 캐스크, 총 세잔을 테이스팅 해보았지만, 나에게 별다른 인상을 주지는 못하였습니다. 저숙성과 신생 증류소라는 한계 때문이겠지요. 그나마 뉴 스피릿의 프루티한 향이 기억에 남습니다.

2023년 11월 당시 클라이드사이드에는 한국인 디스틸러가 한 분 계셨습니다. 나는 당시 운이 좋게도 그분을 만나뵙고, 짧은 대화를 나눠볼 수 있는 기회를 가지게 되었습니다. 그는 스코틀랜드의 한 대학에서 양조증류학 석사과정을 밟고, 글래스고에 있는 클라이드사이드 증류소와 연이 닿게 되었다고 합니다. 위스키의 고장인 스코틀랜드답게 양조증류학이라는 학과가 있다는게 나에게는 무척이나 신기하면서 부럽기도 합니다. 그는 클라이드사이드 증류소의 생산직 디스틸러로서 분쇄, 당화, 발효, 증류, 숙성, 병입, 제품화까지 모든 과정에 참여한다고 하였습니다. 증류소는 보통 24시간 돌아가서 교대로 근무한다고 하는데, 업무 강도는 생각보다 괜찮았다고 첨언하였습니다. 참고로 스코틀랜드 북서쪽 라세이(Raasay) 증류소에도 한국인 디스틸러가 한 분 더 계신다고 합니다. 라세이 섬에 가게 된다면 꼭 한번 만나뵙고 싶네요. 2024년 8월 현재 그는 클라이드사이드를 떠나 다시 한국으로 돌아와, 골든블루에서 증류소를 만들기 위한 준비를 하고 있다고 합니다.

나는 그렇게 2023년 스코틀랜드의 총 13개(Glenallachie, Aberlour, Glenfiddich, Balvenie , Glendronach, Glenfarclas, Bowmore, Lagavulin, Bunnahabhin, Caol Ila, Springbank, Glengoyne, Clydeside) 위스키 증류소 방문을 모두 마치게 됩니다. 내가 좋아하는 격언 한마디와 함께 이 글을 마칩니다.

When you work hard all day with your head and you must work again the next day, what else can change your ideas and make them run on a different plane like whiskey?

Ernest Hemingway

증류소 이야기 외전 : 스코틀랜드의 숙소들

에디터 K

여러분이 나와 Emotion처럼 증류소를 방문할 계획을 짠다면, 한가지 난관에 봉착하게 될 겁니다. 바로 여러 증류소들이 스코틀랜드 시골 여기저기에 흩어져 있다는 점이죠. 그렇다면 대중교통을 타야할지 렌트카를 빌릴지, 숙소는 어떻게 잡아야할지 막막할 수도 있을 겁니다. 스코틀랜드를 2023년 2월과 11월 총 두 번 갔다온 바 있는 나에게 묻는다면, 대중교통을 타고 스코틀랜드를 여행하는 것을 추천하지는 않습니다. 스코틀랜드는 생각보다 넓은 반면, 인구는 500만 명 정도 밖에 되지 않지요. 철도와 버스 시스템이 잘 되어있지도 않아, 만약 당신이 스페이사이드에서 대중교통을 이용해 아일라로 향한다면 최소 이틀 이상이 소요될 것입니다. 증류소 투어를 할 때 렌트카를 이용해 운전해서 왔다고 하면 숙소에서 마실 수 있도록 Driver's Kit를 주니 시음에 관해서는 걱정하지 않으셔도 됩니다.

스코틀랜드 증류소 여행을 할 때는 어떤 숙소를 가는지도 중요하다고 생각합니다. 스코틀랜드의 숙소에는 조식이 왠만하면 포함되어 있고, 1층에는 대부분 레스토랑과 위스키 바가 있습니다. 그래서 증류소 근처에 호텔만 있으면 스코틀랜드의 식사를 즐기고 위스키 한, 두 잔 마실 걱정은 안 해도 됩니다. 한국어로 된 스코틀랜드 증류소 근처 숙소에 대한 정보가 거의 없다는 걸 알게 되어, 이번에는 증류소 이야기의 외전으로 에디터 K가 직접 가본 스코틀랜드의 숙소를 소개해볼까 합니다.

The Mash Tun은 양산의 단골 바 바텐더님이 추천해 준 스페이사이드의 숙소입니다. 스페이 강(Spey River) 바로 옆 아벨라워(Aberlour) 마을에 위치해 있지요. 이 건물은 원래 해양 건축가에게 작은 배 모양으로 건물을 설계하도록 지시한 선장 제임스 캠벨(James Campbell)에 의해 1896년에 지어졌다고 합니다. 1층 레스토랑 겸 바에 들어가면 글렌파클라스 패밀리캐스크가 보이는데, 1952년부터 모든 캐스크가 다 있습니다. 글렌파클라스 전 빈티지를 소유하고 있는 바는 전 세계에서도 몇 군데 되지 않습니다. 숙소로부터 아벨라워 증류소까지 걸어서도 갈 수 있고, 아벨라워 마을이 스페이사이드의 거의 중심에 있어서 다른 증류소로 가기도 좋습니다. 나는 2023년 2월에 이 숙소에 묵은 적이 있습니다. 방 키를 주는데 방 이름이 '글렌파클라스'입니다. 과연 위스키의 고장, 스코틀랜드 스페이사이드에 위치한 숙소답습니다. 글렌파클라스 증류소의 오래된 사진도 보이네요. 방 안에서는 스페이 강이 바로 보입니다. 아침에는 스코틀랜드식 식사도 줍니다. 파이 안에 고기가 들어있는 게 인상적이네요.

The Highlander Inn은 2023년 2월 발베니 투어 중 우연히 만나게 된 한국인 발베니 엠베세더로부터 추천받게 된 스페이사이드의 숙소로, 나와 Emotion은 2023년 11월 이 숙소에 묵은 바 있습니다. 1880년대 지어진 건물에 자리잡은 Highlander Inn에는 300개 이상의 흥미로운 독립병 위스키와 Highlander Inn만을 위해 만든 독립병도 꽤나 많다고 합니다. Highlnader Inn에서는 32년 된 글렌파클라스 싱글 캐스크를 시작으로 연례 싱글 캐스크를 직접 꾸준히 출시한다고 하며, 아름다운 라벨이 붙은 Maggie's Collection과 다양한 블렌디드 위스키 또는 그레인 위스키인 Oishii Wisukii(Emotion 각주 : 일본식으로 읽으면 '맛있는 위스키'라는 뜻이 됩니다)를 출시하기도 하며 그들만의 Collaboration Bottlings도 만나 볼 수 있습니다. 또 하나의 특징으로는 Highlander Inn의 오너이며 일본인 바텐더인 Tatsuya Minagawa가 있다는 점일 겁니다. 그는 산토리의 유럽 브랜드 홍보대사로 3년을 보낸 후, 스페이사이드의 크레이겔라치(Craigellachie) 마을에 있는 Highlander Inn을 샀다고 합니다. 숙소 1층 그의 바에는 현지인들과 관광객들이 넘쳐났습니다. 잔당 만원 정도의 위스키와 수십만원이 넘는 위스키가 공존하는 공간이랄까요.

No.1 Charlotte Street은 지금은 사라진 전설의 증류소인 아일라 섬 Port Ellen 근처에 위치하고 있습니다. 참고로 Port Ellen은 현재는 증류 작업을 중단한 상태이나, 싹틔운 몰트를 건조시키는 과정인 몰팅(Malting)은 아직도 하고 있어, 아드벡과 같이 자체 몰팅을 하지 않는 아일라 증류소는 대부분 이곳의 몰트를 쓴다고 합니다. 이 숙소는 아일라 섬 남쪽에 위치한 Port Ellen Ferry Terminal과도 가까우나, 2023년 11월 나와

Emotion은 아일라 섬 북쪽의 Port Askaig Ferry Terminal을 통해 아일라에 왔습니다. 숙소 1층에는 바와 식당이 있어 저녁에는 바에서 위스키와 맥주 한, 두 잔을 즐길 수 있었으며, 조식으로 먹은 베이컨, 계란, 블랙 푸딩, 소시지, 토스트, 그리고 따뜻한 죽을 곁들인 전통적인 스코틀랜드식 아침 식사는 영국음식에 대한 편견을 깨고 꽤나 먹을만 하였습니다. 아드벡, 라가불린, 라프로익과도 멀지 않아 피트를 좋아하는 아일라 섬 방문객이라면 충분히 고려해 볼만한 숙소입니다. 숙소 근처에 편의점과 중국음식점도 있어 인프라가 부족한 아일라 섬 치고는 생각보다 지낼만 하였습니다. 아일라에서는 굴이 별미라고 합니다. 숙소에서 차로 30분 거리에 'Oyster Shed'라는 아일라 굴 식당도 유명하니, 피트 위스키와 굴을 함께 즐겨 보는 것도 추천드립니다.

Argyll Arms Hotel은 캠벨타운에 위치해 있으며, 예전에는 아가일 공작(Duke of Argyll)의 빅토리아 시대의 사냥 오두막이었고 지금은 바와 레스토랑이 있는 호텔로 운영되고 있습니다. 숙소가 캠벨타운의 중심에 위치하여 근처에 식당도 많고 'Campbelltown Cross'라는 도심 속 유적도 확인해볼 수 있었습니다. 캠벨타운은 한때 세계의 위스키 수도로 알려졌던 곳이며, 현재 Springbank와 Glen Scotia 증류소가 위치해있는 곳입니다. Argyll Arms Hotel은 Springbank 증류소와 도보로 5분거리에 위치해 있고, Glen Scotia 증류소와도 그다지 멀지 않은 거리에 있어 캠벨타운 위스키를 좋아해서 방문한다면 추천할 만한 숙소입니다.

스페이사이드 숙소 : The Mash Tun, The Highlander Inn

아일라 숙소 : No. 1 Charlotte Street

캠벨타운 숙소 : Argyll Arms Hotel

위스키가 좋아서 스코틀랜드 증류소를 여행하고자 하는 모든 사람들에게 이 글이 도움이 되기를 바라며, 내가 좋아하는 격언 한마디와 함께 이 글을 마칩니다.

The true pioneer of civilization is not the newspaper, not religion, not the railroad — but whiskey.

Mark Twain

기원 (Ki One, 舊 쓰리소사이어티스) :
한국 위스키의 기원

에디터 K

　기원 증류소(Ki One, 舊 쓰리소사이어티스 증류소)는 2020년 6월 남양주에 생긴 한국 최초의 위스키 증류소입니다. 쓰리소사이어티스(Three Societies)라는 이름은 재미교포인 도정한 대표, 스코틀랜드에서 온 앤드류 샌드(Andrew Shand) 마스터 디스틸러, 그리고 한국인 직원들로 구성된 각기 다른 세 가지 사회로부터 온 사람들이 한국의 싱글몰트를 만들기 위해 모였다는 의미라고 합니다. 쓰리소사이어티스에서 처음 만든 제품인 '정원 진(Jungone Gin)'은 꽤나 인상적이었습니다. 몰트 스피릿을 사용하였고, 한국 고유의 식물들을 사용했다고 합니다. 나에게는 깻잎이나 솔잎같은 느낌도 전해지더군요. 나를 꽤나 만족시킨 정원 진을 만든 쓰리소사이어티스에 대한 기대를 안고, 2024년 3월 나는 남양주의 쓰리소사이어티스 증류소를 방문하게 됩니다. (같은 해 11월, 쓰리소사이어티스 증류소는 사명을 제품과 같은 '기원'으로 변경하게 됩니다.)

　쓰리소사이어티스 증류소는 경춘선 천마산역과 평내호평역 사이 꽤나 높은 산 중턱에 위치해 있습니다. 나는 평내호평역에서 택시를 타고 증류소에 방문하였고, 투어가 끝나고 증류소에서 나올때는 택시가 잡히지 않아 증류소 직원분이 근처 역까지 고맙게도 차로 태워다 주시더군요. 나는 증류소 부지를 왜 이런곳으로 정했는지 의문이 들어 관계자에게 질문을 하나 던집니다.

내가 가본 스코틀랜드의 여러 증류소들은 대부분 평지에 증류소 부지를 마련하였습니다. 쓰리소사이어티스는 왜 이러한 남양주 산 중턱에 부지를 마련한건가요?

대답은 다음과 같았습니다.

증류소 부지 선정에 있어 중요하게 여긴 기준은 크게 두 가지였습니다.
첫 번째는 물. 남양주 화도읍은 마스터 디스틸러 앤드류가 보기에도 좋은 물이 흐르는 땅이었다고 합니다.
두 번째 기준은 연교차. 한국의 사계절을 담아보고자 했습니다. 쓰리소사이어티스 증류소는 북서향의 터에 위치하고 있어 여름에는 30도 후반까지 올라가고 겨울엔 영하 30도 가까이 떨어지는 뚜렷한 사계절을 담기에는 최적이었습니다. 물론 물류와 마케팅 면에서 서울과의 접근성을 따지기도 하였습니다.

내가 가본 스코틀랜드의 어떤 증류소에서도 이러한 연교차는 찾아볼 수 없었습니다. 대만의 카발란이 사시사철 덥고 습한 열대기후를 머금고 있다면, 쓰리소사이어티스는 한국의 사계절을 모두 머금고 있다고 볼 수 있겠네요. 두 증류소의 공통적인 부지 선정에 대한 철학이 하나 떠오릅니다. 위스키를 만들기에 완벽한 땅은 아닐지 몰라도, 이들 각각이 꿈꾸는 특성을 녹인 위스키를 만들기엔 꼭 알맞은 땅을 선택했다는 점이었습니다.

　스코틀랜드에서는 볼 수 없던 한국어로 된 증류소 투어는 신선하게 다가옵니다. 위스키를 만드는 모든 과정을 한글로 적어두었더군요. 관계자에 의하면 그들이 사용하는 몰트는 스코틀랜드로부터 전량 수입한다고 합니다. 투어 중에 발효조(Washback)에서 그들이 만드는 워시(Wash, 이것은 후에 증류되어 위스키가 된다)를 먹어 봅니다. 도수는 8-9도 정도이며, 맛이 시큼하고 약간 텁텁한 정제되지 않은 따뜻한 맥주의 맛입니다.

　쓰리소사이어티스는 오크통을 만들고 수리하는 작은 공장을 가지고 있어, 그곳에서 오크통에 대한 간단한 설명을 듣고 숙성고로 향합니다. 숙성고에서 관계자에게 엔젤스 쉐어를 물어보니 8% 정도 된다고 하더군요. 재미있는 캐스크가 있는지도 물어보니 복분자주를 숙성시켰던 캐스크를 구입하여 현재 위스키를 숙성중이라고 합니다. 다양한 캐스크 외에도 항아리에 위스키를 숙성시키는 실험을 하고 있다고도 합니다. 그들의 실험정신만큼은 참으로 대단하다는 생각이 듭니다. 같이 증류소 투어를 한 어떤 중년 남성분은 본인과 자녀들의 위스키 오크통이 잘 있는지 확인하더군요. 가격을 관계자에게 물어보니 위스키 오크통 하나에 중형차 한대 가격 정도 한다고 합니다. 저도 나중에 저 정도의 여유가 되면 저만의 오크통을 하나 사보고 싶어지네요.

　중류소 투어 마지막으로 테이스팅을 진행하러 갑니다. 마스터 디스틸러인 앤드류가 글렌리벳과 닛카에서 일한 경험이 있어서 그런지는 몰라도 정통적인 스카치맛을 추구하는 느낌이었습니다. 다만 한국에서의 1년 숙성이 스코틀랜드에서의 4년 숙성과 비슷할 것이라는 관계자의 말이 테이스팅을 하면서도 잘 와닿지는 않았습니다. 대한민국 최초의 위스키 중류소를 응원하는 마음으로 중류소 한정판 제품인 기원 위스키 하나와 정원 진 하나를 구매합니다.

〈각주 : Emotion의 시음후기〉

　테이스팅 제품 : 기원 Batch 4 Distillery Edition (126/300) Cask Strength Peated.

　결론부터 얘기하면 기대했던 것 만큼은 아니었습니다. 정원 진이 상당히 창의적인 아이디어로 반짝였기에 상당히 기대를 하고 먹었지만 피트처리 부분에서 치명적인 문제를 발견할 수 있었습니다. 원액의 깊이가 얄팍한 것은 숙성연수가 적으니 이해가 가는 점이었지만, 아무래도 기초부분의 설계나 재료(피트)에 문제가 있지 않았을까 추측해 봅니다.

　첫째, 피트에 맥락이 없었습니다. 어떤 의미에서 피트 위스키를 마시는 행위는 페놀 가스를 들이마시는 행위입니다. 그것을 위해서는 당연히 '맛'이라는 설득력이 필요합니다. 그런데 이것은 처음부터 강한 피트향이 확 하고 밀려와 나에게 당혹감을 주었습니다. 마치 연극에서 무대장치가 나오기도 전에 주연이 혼자 나와 쩌렁쩌렁하게 노래를 부르는 느낌이랄까요.

둘째, 피트의 피니싱이 부족했습니다. 이 정도로 강렬하게 시작하는 피트라면 유황 냄새나 다른 향을 동반하리라 생각했는데 이상하게 이것은 처음에 내 코에 강력한 펀치만을 남기더니 저 멀리 구석에 앉아있었습니다. 피트 위스키라는 타이틀을 가져왔으면 피트가 무엇보다 훌륭해야 할 텐데, 그렇지 못해 참으로 아쉬운 제품이었습니다.

그럼에도 원액의 질은 나쁘지 않았습니다. 끝맛에 초코파이 단면 같은 묘한 맛이 나긴 했지만 그것도 특이했습니다. 점점 나아지는 모습을 보여주는 기원이니 앞으로 더 좋은 제품이 나오리라 기대해봅니다.

증류소 투어 중 우리나라 주세법의 문제점 및 주류산업의 애로사항 몇 가지를 들을 수 있었습니다. 예를 들어 피트(Peat)에는 필연적으로 이산화황이 포함되어 있기 마련인데, 이산화황 때문에 수입이 안되는 문제가 있다고 합니다. 어찌 보면 와인에도 일부 이산화황이 포함되기도 하는데, 참 아이러니 합니다. 주세법에서 종가세와 세부사항의 문제점도 심각하고, 영국의 주세법을 그대로 가져와 우리나라 기후와 맞지 않게 엔젤스 쉐어가 2%로 되어있어 국세청 직원이 증류소 숙성고에 방문해야만 오크통을 열 수 있다고 합니다. 관계자에 따르면 쓰리소사이어티스는 국세청을 비롯한 지역 정치계와의 소통을 통해 여러 주류산업과 관련된 문제들을 해결하고자 하는 중이라고 하네요.

쓰리소사이어티스는 증류소의 측면에서 봤을때 생긴지 4년밖에 안된 신생 증류소이기에 아직 갈 길이 멀다고 느껴집니다. 다만, 관계자의 말을 통하여 쓰리소사이어티스가 대한민국 주류산업의 문제점 개선에 대한 노력을 많이 하고 있다는 것을 알 수 있었습니다. 나는 그 노력만으로도 쓰리소사이어티스를 좋게 평가하고 싶습니다. 그들의 위스키 이름인 '기원'은 새로운 한국 위스키 역사의 '시작'의 의미를 담았다고 합니다. 쓰리소사이어티스를 필두로 하여 대한민국 주류산업이 현대적으로 바뀌기를 '기원'해 봅니다.

카발란(Kavalan) : 아시아 위스키 혁신의 선봉장

에디터 K

　2024년 5월에 방문한 카발란은 2005년 오픈한 비교적 신생 증류소입니다. 스코틀랜드의 여러 증류소들은 렌터카 없이는 다니기 힘들었던 거에 비해, 대만의 카발란은 타이베이 역에서 철도로 90분 정도 떨어진 이란 역 근처에 위치하여 편하게 이동할 수 있다는 점이 뚜벅이 여행자에겐 분명 좋은 점일 거라 생각합니다.

　이란 역에서 우버를 타고 20분 정도 걸려 카발란 증류소에 도착합니다. 한국은 5월이면 아직 봄이지만, 대만의 5월은 최고 기온이 30도 이상인 고온다습한 여름입니다. 카발란 증류소의 방문객 센터에 들어가 한글 안내도를 하나 집어 들고, 카발란 위스키가 들어간 도수 있는 아이스크림을 하나 먹어 봅니다. 아이스크림의 끝 맛에 카발란 클래식 위스키의 맛과 향이 올라옵니다.

　카발란 증류소가 위치한 대만의 이란현은 덥고 습한 아열대성 온난

습윤 기후에 속합니다. 겨울에도 최저기온이 13도나 됩니다. 이러한 대만 이란현의 기후는 숙성 속도를 더 빠르게 할 수 있다는 이점도 있겠지만, 위스키 생산에 이상적이지만은 않습니다. 늘 서늘한 스코틀랜드의 엔젤스 쉐어(Angel's Share)는 매년 평균 2% 정도이지만, 대만은 해마다 8~15%가 증발하기 때문입니다. 이러한 연유로 카발란은 스코틀랜드의 증류소들과 달리 숙성 연수 미표기 위스키(NAS) 제품들을 주로 생산하고 있습니다.

나는 엔젤스 쉐어가 많다는 것에 대해 아랑곳하지 않는 카발란 관계자에게 질문을 하나 던집니다.

카발란은 엔젤스 쉐어가 높아 오랜 기간 숙성되는 제품이 없는데, 이를 극복할 방안이 있습니까?

카발란 관계자의 답변은 다음과 같았습니다.

우리에게 숙성 연수는 중요하지 않습니다. 우리는 혁신적 기술 도입을 통해 단기간에도 고숙성 제품에 비견할만한 제품을 만드는데 성공했습니다.

증류소 컨설팅을 맡은 짐 스완(Jim Swan) 박사는 카발란의 고온 다습한 기후의 문제를 해결하기 위해 아열대 기후에 최적화된 혁신적인 기술을 적극 도입합니다. 그는 3년이라는 짧은 숙성 기간으로도 스카치위스키의 12년 숙성과 엇비슷한 풍미를 낼 수 있는 S.T.R(Shave, Toast, Rechar) 기법을 개발했습니다. S.T.R 기법이란, 오크통 내부를 깎아(Shave) 기존에 있던 안 좋은 맛을 제거하고, 통 내부를 불로 굽고(Toast), 다시 태워(Rechar) 열대과일의 향과 바닐라, 초콜릿과 같은 풍미를 끌어내는 기법입니다. S.T.R 오크통에서 탄생한 제품이 카발란의 역작 솔리스트 시리즈의 비노바리크(Vinho Barriqe)이며, S.T.R 기법은 증류소 투어 중 관계자가 강조하며 관련 영상을 보여줄 정도로 카발란의 핵심이며 자부심이라고 할 수 있겠습니다. 이러한 S.T.R 기법은 역으로 위스키의 본고장 스코틀랜드로 수출되기도 하여 킬호만과 같은 몇몇 증류소에서는 S.T.R 캐스크를 사용하기도 합니다.

카발란 증류소 내부 설명을 들은 후, 나는 2층에 위치한 DIY룸에 가서 요금을 내고 나만의 카발란을 만들어 봅니다. Ex-Bourbon, Vinho, Oloroso, Peaty 4가지 위스키를 가지고 블렌딩을 진행합니다. 버번 캐스크는 바닐라, 코코넛, 우디한 향이 났고, 비노바리크 캐스크는 멜론, 카라멜의 향이 났습니다. 견과류와 스파이스한 향이 특징적인 올로로소 캐스크가 개인적으로 가장 마음에 들었습니다. 나와 Emotion은 스코틀랜드 아일라 섬의 여러 피트를 사용하는 증류소들을 방문한 바, 카발란의 피트 위스키는 내가 보기엔 아직 아일라를 따라가기엔 부족하다고 느껴졌습니다. 그래서 나는 Ex-Bourbon, Vinho, Oloroso, Peaty의 순서대로 1.5 : 1.5 : 3 : 0의 비율로 DIY 위스키를 만들어봅니다. Emotion의 몫으로 1 : 1 : 4 : 0의 비율로 한 병을 더 만들어 며칠 후에 전달했습니다. 나는 같이 투어를 진행했던 두 명의 방문자와 함께 카발란 증류소 관계자에게 문의하여 추가 요금을 내고 카발란 증류소 Warehouse 옆에 위치한 프라이빗 룸에 방문하게 됩니다. 여기서는 기존 투어에서는 테이스팅 할 수 없는 아직 미출시한 제품들이 있었습니다. 그중에서도 나는 Colhetia Port Single Cask, Amontillado Sherry Single Cask, Peated ex-Bourbon Single Cask 총 세 잔을 테이스팅 해봅니다. 세 제품 모두 2024년 5월 기준 미출시 제품이라고 하며, Cask Strength 제품이었습니다. 프라이빗 룸의 유리 너머 Warehouse가 보입니다. 관계자에게 물어보니 대만은 지진이 잦아 Warehouse도 내진설계를 하였다 하더군요.

카발란은 S.T.R이라는 위스키 역사에 한 줄 남을만한 혁신적 기법을 적극적으로 도입하였으며, 2017년에는 일본의 위스키들을 물리치고 올해의 아시아 위스키로 선정되는 등 기록될만한 업적을 여럿 남기고 있는 중입니다. 카발란을 보며 위스키 애호가인 나로서는 대만이 부럽기도 합니다. 쓰리소사이어티스나 김창수 위스키와 같은 신생 증류소들이 대한민국에도 세워지고 있으나, 카발란을 보니 아직 우리는 갈 길이 멉니다. 위스키 시장은 점점 커지고 있고, 매년 많은 나라에서 위스키 산업에 합류하고 있습니다. 우리도 이에 뒤처질 수는 없죠. 카발란의 혁신을 보고 배워 우리도 세계적인 위스키 생산국이 될 수 있기를 기원합니다.

닛카 미야기쿄(ニッカ 宮城峡):
일본 위스키의 비상하는 학

에디터 K

   일본 위스키는 나에게 깔끔하면서도 목넘김이 부드럽고, 깊은 풍미를 지닌 잘 만든 술로 다가옵니다. 다만, 2024년 현재 그 가격이 많이 올라 쉽게 손이 가지는 않습니다. 개인적으로는 산토리보다는 닛카 계열의 위스키를 선호하는 편입니다. 스카치 위스키와 가장 비슷한 맛을 가진 것이 닛카라고 생각하기 때문입니다.

   전주의 한 위스키 바에서 우연히 닛카 요이치 증류소의 한정판 제품 세 가지를 맛볼 기회가 있었습니다: Sherry&Sweet, Peaty&Salty, Woody &Vanillic. 직관적인 이름에 걸맞게 각 제품의 개성이 잘 살아 있었고, 재패니즈 위스키치고는 하이랜드 위스키의 묵직함도 느껴졌습니다. 그 순간, 일본 위스키의 아버지로 불리는 타케츠루 마사타카가 지은 또 다른 증류소, 미야기쿄는 어떨지 궁금해졌습니다. 그래서 2024년 8월, 닛카 미야기쿄 증류소를 방문하기 위해 센다이(仙台)로 향했습니다.

미야기쿄 증류소로 가는 길

닛카 미야기쿄 증류소는 센다이역에서 전철로 한 시간 거리의 사쿠나 미역에 위치해 있으며, 역에서 도보 30분 거리에 있습니다. 다행히도 무료 셔틀버스가 있어 편하게 이동할 수 있었습니다. 사쿠나미역에서 840번 버스를 타고 갈 수도 있어 접근성이 좋았습니다. 운이 좋게도, 나는 미야기쿄에서 두 가지 프리미엄 투어를 예약할 수 있어 이틀 동안 연속으로 증류소를 방문하게 되었습니다.

닛카의 위스키를 아는 세미나

첫날에는 "닛카의 위스키를 아는 세미나 블랙 닛카 편(ニッカのウイスキーを知るセミナーブラックニッカ編)"에 참여했습니다. 이 세미나는 타케츠루 마사타카의 일대기를 중심으로 진행되었습니다. 타케츠루 마사타카는 일본 위스키의 창시자로, 1934년 홋카이도에 첫 번째 증류소인 요이치를 설립했습니다. 그는 일본에서도 스카치 위스키와 같은 풍미를 재현하고자 했습니다. 요이치 증류소가 고유한 해안가의 풍미를 지닌 위스키를 만드는 것과 달리, 미야기쿄 증류소는 센다이 외곽의 청정한 산지에 위치해 있어 보다 부드럽고 마일드한 위스키를 만들어 냅니다.

세미나에서는 요이치와 미야기쿄의 증류기 설계 차이에 대한 심도 깊은 설명이 있었습니다. 이곳의 당화와 발효 과정은 놀랍게도 컴퓨터로 자동화가 되어있다고 합니다. 또한 요이치 증류소의 증류기는 스트레이트 형태로, 라인암이 아래로 향해 있어 묵직하고 복합적인 풍미의 위스키를 만들어 냅니다. 요이치 위스키는 이러한 특징 덕분에 바다의 풍미가 은은하게 배어 있어, 피트 향과 함께 더욱 독특한 맛을 자아냅니다. 반면, 미야기쿄 증류소는 보일 볼 형태의 증류기를 사용해 환류가 잘 일어나며, 라인암이 위로 향해 가볍고 깔끔한 스피릿을 생성합니다. 이로 인해 미야기쿄 위스키는 숲의 향이 배어있는 듯한, 섬세하고 부드러운 맛을 자랑합니다.

미야기쿄 증류소만의 또 다른 특징은 코페이(Coffey) 연속식 증류기입니다. 연속식 증류기는 대량으로 균일한 품질의 위스키를 생산하는데 사용되며, 닛카는 이를 통해 그레인 위스키를 제조합니다. 블렌디드 위스키에 필수적인 그레인 위스키는 주로 블랙 닛카와 같은 제품에 사용되지만, 단독으로도 출시되는 경우가 있습니다. 예를 들어, 닛카 코페이 그레인 위스키는 부드러우면서도 복합적인 풍미로 많은 애호가들에게 사랑받고 있습니다.

세미나의 마지막에는 블랙 닛카 4종을 시음하는 시간이 있었습니다. 블랙 닛카 스페셜(Black Nikka Special)은 피트의 향이 느껴졌고(각주 : 미야기쿄 증류소에서는 북해도에서 나는 피트도 쓴다고 합니다), 블랙 닛카 클리어(Black Nikka Clear)는 상대적으로 피트 향이 적었습니다. 블랙 닛카 리치 블렌드(Black Nikka Rich Blend)는 세리 캐스크의 영향으로 달콤하고 진한 맛이 두드러졌으며, 블랙 닛카 딥 블렌드(Black Nikka Deep Blend)는 버번 캐스크의 느낌과 피트 향이 조화를 이루어

깊고 묵직한 맛을 자아냈습니다. 이 시음 과정에서 각 위스키가 어떤 원료와 공정을 거쳐 만들어졌는지 이해할 수 있었으며, 닛카 블렌디드 위스키의 다양성과 깊이에 대해 다시금 감탄하게 되었습니다.

마이 블렌드 세미나

둘째 날에는 "마이 블렌드 세미나(マイブレンドセミナー)"에 참여했습니다. 이 세미나는 미야기쿄 증류소의 한정판 싱글몰트와 코페이 그레인 위스키, 그리고 요이치의 한정판 싱글몰트를 블렌딩하여 나만의 위스키를 만들어보는 경험을 제공했습니다. 미야기쿄의 Malty&Soft, Fruity&Rich, Sherry&Sweet, 코페이 그레인 위스키의 Woody&Mellow, 그리고 요이치의 Peaty&Salty를 조합해 각자의 취향에 맞는 블렌드를 완성할 수 있었습니다.

나는 특히 Fruity&Rich와 Woody&Mellow의 조화를 마음에 들어 했습니다. Fruity&Rich는 과일 향이 풍부하고 달콤한 맛이 특징이며, Woody&Mellow는 오크통에서 숙성된 우디한 풍미와 함께 부드러운 맛이 돋보였습니다. 첫 번째 블렌딩은 Fruity&Rich와 Sherry&Sweet의 조합으로 셰리 캐스크 특유의 달콤함과 복합적인 향을 강조했으며, 두 번째 블렌딩에서는 Peaty&Salty의 피트 향과 Woody&Mellow의 우디함을 조합해 보다 강렬하고 깊이 있는 맛을 만들었습니다. 두 가지 블렌드 모두 나만의 독특한 위스키로 탄생했으며, 이 과정에서 블렌딩의 예술성을 깊이 체험할 수 있었습니다.

세미나 중 닛카의 혁신에 대해 질문을 던졌습니다.

작금의 일본 위스키 업계는 협회가 설정한 불문율을 지키는 것으로 유지되고 있다. 만약 업계의 불문율을 깨는 제품이 나와 시장의 인기를 얻는다면 닛카는 어떻게 대응할 것인가?

그에 대한 대답은 다음과 같았습니다.

우리는 위스키 제조에 있어서 타케츠루의 정신을 제외한 모든걸 바꿔도 좋다고 생각합니다.

지금의 품질을 지키겠다고 생각하면 품질에서의 혁신은 일어나지 않습니다.

일본 최고를 넘어 세계 최고가 되기 위해서는 지키기보단 도전해야합니다.

닛카의 전통을 지키면서도 혁신을 추구하는 자세를 엿볼 수 있는 대답이었습니다.

이틀간의 투어를 마친 후, 나는 닛카의 대표적인 위스키 중 하나인 '츠루(鶴)'를 구매했습니다. 닛카의 창립자 타케츠루 마사타카의 '츠루(鶴, 학)'를 따온 위스키입니다. 그의 마지막 작품으로 불리는 이 제품을 호숫가에서 음미하며 일본 위스키의 비상하는 학을 떠올렸습니다. 느껴지는 이 여운은 결코 위스키의 취기만은 아닐 것입니다.

사쿠라오(桜尾) : 어쩌면 꽤나 일본스러운

에디터 K

   내가 가끔 방문하는 순천의 한 위스키 바는 여러가지 재패니즈 위스키들을 취급합니다. 일본에서 바텐딩을 공부하고 왔다고 한 바텐더는 요이치를 좋게 평가하던 나에게 사쿠라오(桜尾) 싱글몰트 위스키를 추천하더군요. 한잔 마셔보니 꽃향기를 풍기는 사케의 부드럽고 가벼운 느낌이 나기도 하며, 버번캐스크의 특징이 잡히기도 하고, 약간의 스모키함이 짧은 피니시 사이에서 느껴지기도 합니다. 닛카의 요이치와 미야기쿄에 꽤나 만족하던 나에게 사쿠라오는 크게 인상적으로 다가오는 위스키는 아니었습니다. 다만 3년이라는 저숙성 제품임과 신생 증류소라는 점을 감안한다면, 증류소가 위치한 히로시마에 혹시라도 가게 된다면 한 번쯤은 방문해도 좋을만한 증류소로 기억에 남게 되었습니다. 시간이 흘러 2024년 9월, 나는 히로시마(広島)로 여행을 떠나게 됩니다.

   일본을 대표하는 랜드마크 중 하나인 이츠쿠지마 신사(厳島神社)의 토리이(鳥居)에서 대중교통으로 40여분 정도 떨어진 사쿠라오 증류소는 히로시마 근교 바닷가 앞에 위치해 있습니다. 하츠카이치역(廿日市駅)으로부터 도보 10분 거리에 위치해서 접근성도 좋았습니다. 10시반과 3시에 일본어로 진행되는 투어와 2시에 영어로 진행되는 투어가 각각 있었는데, 나는 일정상 오전에 일본어 투어를 신청하게 되었습니다. 참고로 사쿠라오 증류소 사이트에서 투어 예약이 가능하니 일주일정도 전에는 미리 예약을 하고 가기를 추천합니다.

사쿠라오 증류소 방문자센터 바로 옆 증류소 건물 벽면에는 큰 글씨로 'ダルマ焼酎'라고 써있더군요. 몇몇 일본의 위스키 증류소들과 마찬가지로 20세기 초부터 지역에서 일본 전통주를 생산하던 곳임을 유추해볼 수 있었습니다. 사쿠라오는 본격적으로 몰트 위스키, 그레인 위스키, 그리고 진을 생산하는 설비를 갖추고 2017년부터 가동을 시작했다고 합니다. 한국의 쓰리소사이어티스나 대만의 카발란과 마찬가지로 위스키를 3년동안 숙성시킬 기간 동안 재정적 여유를 확보하고자 진(Gin)도 생산하기로 결정했다고 하더군요. 2021년에는 회사명을 아예 '츄고쿠 양조(中国醸造)'에서 '사쿠라오 양조 & 증류소(桜尾 醸造 & 蒸留所)'로 바꾸었다고 합니다. 나는 사쿠라오 증류소 투어 브로셔를 하나 집어들고 직원의 안내에 따라 증류소 내부로 들어갔습니다.

사쿠라오 증류소 시설은 크게 5개의 구역으로 나누어 지는데, 그 중 투어는 몰트 위스키를 생산하는 사쿠라오 No.1, 그레인 위스키를 생산하는 사쿠라오 No.2, 위스키 숙성을 위한 사쿠라오 부지의 숙성고 총 3개의 구역을 방문하게 되었습니다. 참고로 그 외에 2개의 구역은 1시간 거리 해변가에 있는 또 다른 숙성고와 산 속에 위치한 토고우치 터널 숙성고라고 합니다.

사쿠라오 No.1에서 나는 위스키 말고도 진과 같은 여러 증류액을 생산할 수 있는 하이브리드형 증류기를 보게 됩니다. 1차 증류기와 2차 증류기 사이에 정류 컬럼(Rectifying Column)을 추가하여 삼중 증류가 가능하게 설계되었다고 하며, 1차 증류기의 라인암이 아래로 향해있어 꽤나 높은 알코올 도수와 풍부한 꽃과 과일 향을 만들어낸다고 합니다. 일본 전통주를 만들어온 사쿠라오 증류소의 100년이 넘는 역사, 사쿠라오 위스키의 당화 발효 증류 숙성의 과정, 그리고 사쿠라오의 진에 들어간 다양한 약재들에 대한 영어 자막이 달린 영상을 봅니다. 영상이 끝나고 사쿠라오의 crude beer 향을 맡아보기도 하며, 사쿠라오 위스키에 사용되는 논피트 몰트와 피트 몰트도 직접 만져보게 해주는 등 다양한 경험을 하게 되어 투어에 대해 꽤나 만족도가 높았습니다. 사쿠라오 진에 들어가는 히로시마의 쥬니퍼베리를 비롯한 다양한 재료들을 직접 만져보기도 하였는데, 히로시마를 비롯한 일본에서 나는 약재와 과일을 활용하여 일본의 느낌이 나는 진을 만든다는 점이 꽤나 인상깊었습니다.

사쿠라오 No.2에서는 사쿠라오의 그레인 위스키에 대한 설명을 들을 수 있었습니다. 사쿠라오는 내가 평소에 아는 바와 달리, 그레인 위스키를 만드는데 옥수수를 사용하지 않고 몰트를 사용한다고 하며, 그 비율은 수입 몰트 10%와 자사의 일본식 소주에 사용되는 것과 동일한 일본산 보리 90%라고 합니다. 위스키를 만드는데 일본산 보리를 90%나 사용한다니 꽤나 일본스러운 증류소라 할 수 있겠습니다. 사쿠라오 증류소 부지의 숙성고에서는 몰트 위스키와 그레인 위스키 둘 모두를 숙성하게 되는데, 몰트 위스키는 더니지(Dunnage) 방식으로, 그레인 위스키는 팔레타이즈(Palletize) 방식으로 쌓아 숙성한다고 합니다. 숙성고 내에서도 영상으로 사쿠라오 위스키의 숙성에 대하여 설명해주어 이해를 꽤나 도왔습니다. 세토 내해(瀬戸内海)를 접하고 있는 해변가에 있는 또 다른 숙성고는 일교차가 커 엔젤스 쉐어가 10퍼센트 가까이 되어 단기간에도 숙성이 잘 된다고 하며, 위스키에 소금끼를 추가시킨다고 합니다. 산 속 토고우치 터널 안에 위치한 또 다른 숙성고는 습도가 높기에 엔젤스 쉐어가 낮아 길게 숙성을 할 수 있다고 합니다. 닛카가 바닷가의 요이치 증류소와 산 속의 미야기쿄 증류소를 동시에 운영하는 것과 비슷한 이치라는 생각이 들더군요.

증류소를 둘러본 뒤 다시 방문자 센터에 가서 위스키를 시음하게 됩니다. 위스키 2가지, 진 2가지, 그리고 원액(New Pot) 중 3가지를 택하라 하여, 나는 미야노시카(宮ノ鹿) 위스키, 사쿠라오 소테른(Sauternes) 캐스크 피니시 위스키, 그리고 사쿠라오 위스키의 원액(New Pot)을 시음하게 됩니다. 미야노시카는 부드러운 피트 위스키의 느낌이었고, 소테른 캐스크 피니시는 꿀과 달달한 과일의 느낌이 은은하게 올라왔으며, New Pot은 몰트 그 자체의 향이 올라오는 원액 느낌이었습니다. 개인적으로는 미야노시카가 가장 마음에 들더군요. 다만 나는 위스키 대신에, 히로시마의 한 바에서 추천받은 사쿠라오의 한정판이라는 Hamagou Gin 한병을 구매하고 증류소를 떠나게 됩니다.

사쿠라오는 분명 닛카와 같은 유서 깊은 재패니즈 위스키 증류소에 비해서는 갈 길이 멉니다. 다만, 100년도 더 전부터 일본식 전통주를 만들던 노하우를 위스키를 만드는데 접목한다는 점, 히로시마를 비롯한 일본 자체의 재료를 가지고 위스키와 진을 만든다는 점, 닛카와 유사하게 산과 바다에 숙성고를 위치시켜 다양한 풍미를 잡아내고자 한 점이 나에게 꽤나 인상깊게 다가오더군요. 위스키 증류소로서는 아직 신생이기에 2024년 현재 사쿠라오의 고숙성 제품이 나오지 않았지만, 먼 훗날 사쿠라오의 고숙성 제품이 나온다면 시도해도 좋을거 같다는 생각이 들게 만드는 증류소 투어였습니다.

닛카 요이치(ニッカ 余市) : 타케츠루(竹鶴)의 시야

에디터 K

2024년 8월 나는 센다이에 위치한 닛카 미야기쿄 증류소를 방문한 바 있습니다. 당시 블렌딩 세미나에서 닛카 요이치의 Peaty & Salty 키몰트 가 미야기쿄의 다른 키몰트들과 조화롭게 블렌딩됨을 몸소 체험한 바 있지요. 나는 '요이치 증류소 한정 키 몰트 세미나(余市蒸溜所限定キーモルトセミナー)' 투어 예약에 성공하여 2024년 9월에 요이치 증류소를 방문하게 됩니다.

삿포로에 가기 전, 나는 아오모리(青森)와 히로사키(弘前)를 방문하게 됩니다. 혼슈의 북쪽 끝 아오모리현의 특산품은 사과로, 닛카는 히로 사키에 애플 브랜디(Calvados)와 시드르(Cider의 프랑스식 표기)를 만드는 공장이 있습니다. 나는 히로사키성(弘前城)을 관람하는 김에 근처에 위치한 닛카 히로사키 공장을 보게 됩니다. 견학이 불가능하다는 점이 아쉬웠지만, 'Nikka Single Apple Brandy Hirosaki'가 이곳에서 만들어진다는 게 실감되었다는 것으로 만족하고 발걸음을 돌려야 했습니다.

나는 아오모리에서 세이칸 터널을 지나 삿포로를 거쳐 요이치로 향하게
됩니다.

　요이치 증류소는 삿포로역으로부터 한 시간 정도 떨어진 요이치 역 바
로 앞에 위치해있습니다. 참고로 삿포로역으로부터 오타루 역까지는 스
이카와 같은 IC 카드가 호환되지만, 오타루 역으로부터 요이치 역까지는
IC 카드가 호환되지 않아 현금으로 열차표를 별도로 끊어야 합니다. 요
이치 증류소에 생각보다 일찍 도착한 나는 Rita's Kitchen을 먼저 방문합
니다. 닛카 위스키의 창립자인 타케츠루 마사타카(竹鶴 政孝)의 아내인
리타(竹鶴 リタ, Jessie Roberta Cowan)의 이름을 딴 스코틀랜드식 레스
토랑입니다. 피시 앤 칩스를 비롯한 여러 가지 스코틀랜드식 음식과 함
께 닛카의 위스키 및 하이볼을 판매하며, 리타를 비롯한 타케츠루 가족
에 대한 설명도 있으니 방문해 보는 걸 추천드립니다.

요이치 증류소 한정 키 몰트 세미나

　영어 자막이 달린 닛카 요이치 및 타케츠루에 대한 영상을 시청한 후,
증류소 투어는 위스키가 만들어지는 순서대로 진행합니다. 요이치의
건조탑(Kiln Tower)은 현재 사용되지는 않지만, 과거에는 홋카이도의
피트를 사용해서 맥아를 건조했다고 합니다. 당화조(Mash Tun)과 발
효조(Wash Back), 그리고 요이치 창업 당시 대일본과즙주식회사 건물
(Former Office)을 구경한 뒤, 증류기를 살펴보게 됩니다.

　요이치의 가장 큰 특징은 1차 증류를 하는 초류기에 석탄으로 직접 가
열해서 증류를 한다는 점일 것입니다. 이 방식은 현재 스코틀랜드에서

도 대부분 사용하지 않는 오래된 방식으로, 순간적으로 1200도가 넘는 고열을 내뿜어 증류를 하는 방식입니다. 요이치 직원은 미야기쿄에서와 마찬가지로 요이치와 미야기쿄의 증류기의 차이에 대해 설명해 줍니다. 요이치의 라인암은 아래로 향하며 환류가 덜 일어나 무겁고 복합적인 맛이 나며, 미야기쿄의 라인암은 위로 향하며 보일볼 방식이라 환류가 많이 일어나 가볍고 마일드한 맛이 납니다.

과거 타케츠루 가족이 살던 Rita House와 旧竹鶴邸, 그리고 타케츠루의 흉상을 지나 요이치의 숙성고(Warehouse No. 1)에 들어가 봅니다. 과거에 이곳은 강 위의 섬이었다고 하며, 이는 화재 시 대처를 위함이었다고 합니다. 북쪽에 위치한 요이치 답게 엔젤스 쉐어(Angel's Share)은 연간 2~3%라고 합니다. 숙성고 옆에 위치한 요이치 박물관은 무료 관람 및 유료 시음도 가능하니 꼭 방문해 보시길 바랍니다.

증류소 투어에 이어 요이치 증류소 한정 키 몰트 세 종류 및 요이치 싱글몰트를 시음해 봅니다. 요이치 싱글몰트는 몰트의 단내와 피트함이 주로 느껴졌습니다. 바닐라와 서양배의 느낌이 나는 Woody & Vanilic, 미야기쿄의 그것보다 더 무겁고 복잡한 느낌이 마음에 들었던 Sherry & Sweet, 요이치의 바다 내음이 올라오는 듯하면서도 피트함이 느껴지던 Peaty & Salty를 각각 반절씩 시음해 본 후, 미야기쿄의 블렌드 세미나를 했던걸 떠올리며 남은 반절을 모두 섞어서도 먹어봅니다. 블렌딩 한 요이치의 몰트는 요이치의 그것보다는 꽤나 묵직하더군요.

키 몰트 세미나가 끝난 후, 나는 3가지 제품을 추가적으로 유료 시음을 해봅니다. 멜론과 복숭아의 느낌이 나던 츠루(鶴), 다양한 과일과 토피나 호두의 느낌까지 났던 Nikka Single Cask Malt Whisky 10 years old, 아오모리와 히로사키에서 먹었던 사과가 생각나던 Nikka Single Apple Brandy Hirosaki 모두 만족스러운 제품이었습니다. 투어가 끝난 후 증류소 한정판 제품을 살 수 있는 North-Land Distillery Shop에 들어가 봅니다. 참고로 요이치의 몰트와 미야기쿄의 몰트 및 그레인 위스키를 블렌딩해 만든 North-Land는 타케츠루가 만들고자 하였으며 일본의 블렌디드 위스키의 시초가 되는 제품입니다. 나는 이곳에서 키몰트와 츠루를 비롯한 증류소 한정판 제품을 몇 개 구입하고 다시 삿포로로 향하게 됩니다.

요이치 증류소는 회색빛 벽돌과 붉은 지붕, 그리고 파란 하늘이 어우러지는 멋진 증류소였습니다. 옆에는 요이치강이 흐르고, 바다와 인접하며 산이 둘러싸고 있으며 위도도 높아 과연 동방의 스코틀랜드라 할 수 있겠습니다. 타케츠루가 요이치에 처음 터를 잡아 증류소를 짓게 된 이유가 납득이 되더군요. 증류소 투어를 하며 가장 크게 느낀 점은 요이치가 본고장의 여느 증류소 보다 더 전통에 가까운 위스키를 만들고 있다는 것이었습니다. 어쩌면 우리는 일본의 위스키가 아니라 스코틀랜드를 담아낸 타케츠루의 시선을 마시고 있는 게 아닐까요.

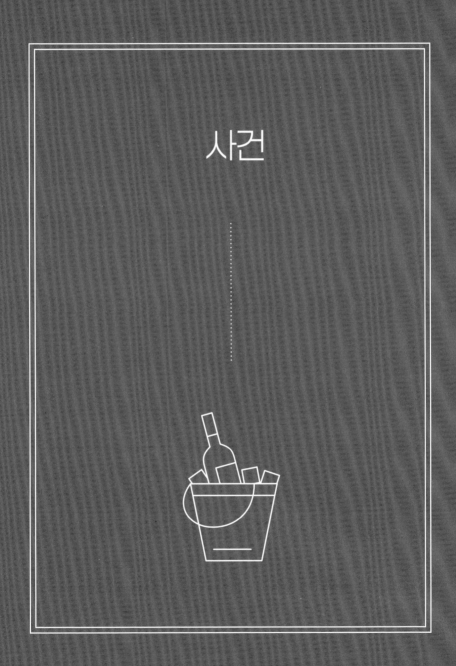

사건

Emotion이 전달하는 증류주와 역사, 그 사건들의 이야기

증류주는 단순한 술이 아닙니다. 그것은 시대를 비추는 거울이자, 사람들의 삶과 문화를 엮어낸 이야기를 담고 있습니다. 때로는 한 잔의 술이 사회를 뒤흔드는 논쟁의 중심에 서기도 하고, 경제와 정치, 법과 관습의 경계를 넘나들며 역사의 한 페이지를 장식하기도 했습니다.

이 책은 증류주와 관련된 주요 사건들을 중심으로, 술이 단순한 소비재를 넘어 인류의 역사 속에서 어떤 영향을 미쳤는지를 조명합니다. 위스키, 보드카, 사케, 럼, 그리고 그 외의 술들이 각자의 시간과 공간에서 어떤 역할을 했는지, 그리고 그 배경에는 어떤 이야기가 숨어 있는지를 탐구합니다.

패티슨 사태 (Pattison Crisis)

오늘은 위스키 업계에 큰 영향을 미친 사건에 대해 이야기해볼까 합니다. 1898년 패티슨 위기(Pattison Crisis)는 스코틀랜드 위스키 산업에 큰 영향을 미친 사건입니다. 이 사건은 패티슨 형제(Pattison Brothers)의 금융 부정 행위와 과도한 지출로 인해 발생했으며, 스코틀랜드 위스키 산업 전체에 걸쳐 심각한 여파를 미쳤습니다.

사건의 전개

패티슨 형제는 원래 에든버러에서 유제품 도매업을 하던 사람들이었습니다. 1887년, 스카치 위스키의 성장 가능성을 보고 블렌딩 사업에 뛰어들었고, 1896년에는 패티슨 리미티드(Pattisons Ltd)로 법인화하였습니다. 이들은 글렌파클라스(Glenfarclas) 증류소의 절반을 인수하고, 오반(Oban), 올트모어(Aultmore) 등 여러 증류소에도 지분을 투자하였습니다.

패티슨 형제는 사치스러운 생활과 과도한 광고비로도 유명했습니다. 심지어 그들은 회계 장부를 조작하여 이익을 부풀리고, 싸구려 위스키를 고급 브랜드로 라벨링하여 판매하는 등 다양한 사기를 저질렀습니다. 결국 1898년 12월, 클라이즈데일 은행이 그들의 신용을 중지하고 회사의 파산 절차가 시작되었습니다.

위스키 업계에 미친 영향

패티슨 위기는 단순히 한 회사의 파산에 그치지 않았습니다. 이 사건은 스코틀랜드 전체 위스키 산업에 큰 파장을 일으켰습니다. 패티슨 리미티드와 거래하던 9개의 회사가 연쇄적으로 파산하였고, 많은 소규모 공급업체도 문을 닫았습니다. 이로 인해 위스키 가격이 급락하고, 여러 증류소들이 문을 닫게 되었습니다.

1899년, 스코틀랜드에서 운영되는 증류소의 수는 161개에서 1912년에는 120개로 감소했습니다. 또한, 이 시기에 위스키 산업의 성장은 거의 멈췄습니다. 이후 이 사태는 1914년 제1차 세계대전과 1919년 미국의 금주법(Prohibition) 등으로 인해 더욱 악화되며 위스키 산업의 암흑기를 알리는 신호탄이 되었습니다.

직접적인 타격을 입은 증류소

패티슨 위기로 인해 많은 증류소들이 직접적인 타격을 입었습니다. 글렌파클라스 증류소는 패티슨 리미티드와의 지분 관계로 인해 심각한 재정적 어려움을 겪었습니다. 또한, 오반(Oban), 올트모어(Aultmore) 등도 타격을 받았으며, 특히 글렌 엘긴(Glen Elgin) 증류소는 1900년 5월에 개업한 지 5개월 만에 문을 닫아야 했습니다.

결론

1898년 패티슨 위기는 스코틀랜드 위스키 산업의 어두운 장으로, 금융 부정 행위와 과도한 투자가 어떻게 산업 전체에 큰 타격을 줄 수 있는지를 보여줍니다. 이 사건은 스코틀랜드 위스키 산업이 현재의 견고한 위치에 오르기까지 얼마나 많은 어려움을 겪었는지를 상기시켜 줍니다.

시락(Ciroc) 논쟁

시락은 어떤 보드카인가?

 2003년 출시된 시락 보드카는 프랑스의 Maison Villevert 증류소에서 생산되며, Jean-Sébastien Robicquet이 창립한 Villevert라는 회사가 관리하고 있습니다. 2007년 영국의 Diageo에 소유권이 인수되었으며, 미국 시장을 필두로 전 세계적으로 높은 인기를 누리고 있습니다.

 포도로 만든 보드카는 소비자들에게 새로운 바람을 일으켰습니다. 시락은 5번이나 증류했음에도 분명한 포도향이 올라왔고, 그것은 보드카의 깔끔한 맛에 재미를 더해줬습니다. 한 해 약 200만 상자라는 판매량이 인기를 증명하지요(2022년 기준).

 물론 같은 해 업계 점유율 1, 2위인 스미노프가 2810만, 앱솔루트가 1170만 상자를 판매한 것에 비교하면 큰 성공처럼 보이지 않을 수도 있습니다.

하지만 10달러 선에 가격이 자리잡은 두 제품과 달리 시락은 30달러가 넘어가는 프리미엄 보드카이며, 프리미엄 시장을 선도하는 위치에 있다는 점을 기억해야 합니다. 이율이 높은 고부가가치 산업의 특성도 고려되어야 하겠죠.

보드카 벨트 국가들의 반발

보드카 벨트 국가들은 시락의 출시에 크게 반발했습니다. 가장 큰 이유는 시락의 재료가 포도라는 점이었습니다. 보드카 재료에 무슨 상관이 있느냐라고 생각할 수도 있겠지만, 여기에는 사정이 있습니다.

와인을 증류하여 오크 통에 숙성하면 '브랜디'라고 부릅니다. 이 브랜디가 되기 전 숙성하지 않은 증류액을 '오드비'라 부르는데, 보드카 벨트 국가들은 프랑스 회사가 오드비를 만들어 놓고 보드카로 이름 붙여서 판매하는 것을 납득할 수 없다고 주장했습니다. 당시 양측의 주장은 이렇습니다.

보드카 벨트 : 와인을 증류한 시락은 명백한 오드비. 보드카로 인정할 수 없다.

Villevert : 포도를 사용했지만 공정은 보드카 생산법을 따랐다. 시락은 보드카가 맞다.

실제로 EU(유럽연합)에서는 원산지 명칭 보호(Protected Designation of Origin, PDO), 지리적 표시 보호(Protected Geographical Indication, PGI) 제도 등을 통해 헝가리의 살라미, 스페인의 하몽 등 전통식품의 정

통성을 보호하고 있습니다. 영국의 위스키도 굉장히 까다로운 법령을 통해 보호받고 있고요, 프랑스의 코냑과 샴페인은 아예 특정 지역에서 생산해야만 그 이름을 붙일 수 있습니다.

2006년, 보드카 벨트 국가들은 시락의 보드카 명명 거부 캠페인을 일으키며 유럽 연합에 중재를 요청하게 됩니다.

보드카 벨트 국가들은 '보드카'라는 명칭이 전통적인 원료인 곡물이나 감자로 만든 술에만 사용되어야 한다고 주장했습니다. 그러나 유럽연합은 그들의 손을 들어주지 않았죠.

유럽연합은 비전통적 원료로 만든 보드카도 '보드카'라는 명칭을 사용할 수 있도록 허용하되, 원료를 명확히 표기하도록 하는 타협안을 제시했습니다. 예를 들어, 포도로 만든 보드카는 라벨에 '포도로 만든 보드카'라고 명시해야 합니다. 보드카 벨트 국가들은 타협안에 동의했고, 그것은 2008년 2월 20일을 기점으로 발효되었습니다. 당시 폴란드 대사가 '당신들은 사과로 된 위스키를 인정할 것이냐'라며 반발했다는 야사가 존재합니다.

조심스러운 추측

이미 스카치위스키, 샴페인과 같은 주류 산업의 전통을 보호하고 있는 유럽연합이 보드카의 전통을 보호해 주지 않는 결정은 납득하기 어렵습니다.

보드카는 세계인이 가장 많이 마시는 증류주입니다. 고로 보드카 산업에서는 엄청난 액수의 돈이 움직입니다. 매년 전 세계에서 약 500만 리터의 보드카가 소비되고, 이 중 러시아가 약 57%, 미국이 30%, 유럽 전체는 2%를 차지합니다. 보드카 원료 규제를 시행했다간 자체적으로 보드카를 생산하고 있는 미국과 무역 분쟁에 빠질 수도 있습니다.

또한 보드카 벨트 국가들이 속해 있는 동부, 북부 유럽 국가들은 곡식을 많이 기릅니다. 이에 반해 과일을 많이 생산하는 서유럽 농부들은 과일 보드카 같은 대규모 판매처가 생긴다면 큰돈을 만질 수 있을 것입니다.

위스키와 코냑에 걸려있는 수많은 보호 장치들은 저절로 생겨난 것이 아닐 것입니다. 오늘날 종주국으로 평가받는 영국과 프랑스는 위스키와 코냑을 보호하는 한편 품질을 보장하기 위해 갖가지 노력을 기울였고, 이것을 보호받기 위해서는 여러 협의과정이 필요합니다. 제각각 종주국임을 주장하며 통일된 입장을 갖지 못한 보드카 벨트에서는 이것이 어렵지 않을까 생각합니다. 적어도 위스키와 코냑이 수십년에 걸쳐 보장받은 자리를 보드카가 몇년만에 얻기는 힘들 것입니다.

마치며

보드카를 사랑하는 사람으로서 나는 시락이 보드카가 아니라는 입장입니다. 보드카 벨트 국가들의 입장에서는 전통에 관한 침공으로 보였을 수도 있습니다. 혹은 그저 전통이라는 안이한 굴레에 안주하고 그것을 지키지 못한 그들의 잘못일지도 모르죠.

영국 피트 금지령

피트(Peat)는 무엇인가?

피트(peat)는 이탄(泥炭) 또는 토탄(土炭)이라고도 하며 이끼, 갈대, 사초 등의 식물과 소나무, 자작나무 등 수목질의 유체가 충분한 수분이 존재하는 조건하에서 퇴적되어 생화학적 작용을 받아 분해된 산물입니다. 피트는 습윤한 기후 조건을 가진 지역, 강 인근에 위치한 호소 형태의 습지 지역 및 선상지 지역 등에 생성될 수 있습니다.

피트의 주성분은 수분을 제외한 50% 내지 95%가량의 유기물질로 구성되며, 대부분은 휴믹 물질인 휴믹산(humic acid), 펄빅산(fulvicacid), 휴민(humin)과 펙틴(pectin) 및 에스트로겐(estrogen) 등 항산화 물질로 구성되어 있으며, 분해되지 않은 셀룰로오스, 헤미셀룰로오스, 리그닌 등이 함께 포함되어 있습니다.

이러한 피트는 석탄과 성분이 같아 과거에는 연료로 활용되기도 했으며, 유기물이 풍부해 원예용으로도 많이 사용됩니다. 그리고 위스키의 '타는 냄새'를 연출하는 핵심 재료이기도 합니다.

피트 금지령

중요한 점은 피트가 늪지대의 흙이라는 것이며, 피트를 소모하는 행위 자체가 늪지대를 파헤친다는 것입니다. 이는 중요한 환경 파괴 행위에 속한다고 판단한 영국 정부는 2030년까지 피트 사용 근절을 목표로 2024년까지 모든 직접적 피트 판매를 금지했으며, 2027년까지 피트를 사용하는 모든 제품의 판매 금지를 선언했습니다. 이 정책의 주요 목표는 피트 추출로 인한 탄소 배출을 줄이고, 피트 지대 복원을 촉진하는 것입니다.

위스키 업계의 반응

관계자들에 의하면, 위스키에서 피트는 향신료이며 맥주의 홉(Hoff)과 같은 존재라고 합니다. 많은 위스키 증류소가 피트를 태워 위스키에 피트-아이오딘 향을 입히며, 특히 아일라 섬의 증류소들은 유달리 이것을 강조합니다. 실제로 아일라 섬 증류소의 위스키들은 단위용량당 페놀 수치(ppm)가 상당한 편이죠. 이러한 위스키만을 찾아다니는 마니아층이 형성되어 있기도 합니다.

위스키 업계는 피트 금지 정책에 대해 강한 반대의 목소리를 내고 있습니다. 업계 전문가들은 위스키 생산에서 피트 사용이 차지하는 비율이 전체 피트 사용량의 1% 미만이라며, 환경에 미치는 영향이 적다고 주장합니다. 또한, 피트를 대체할 만한 대안이 부족하다는 점에서 피트 사용 중단이 위스키 품질에 부정적인 영향을 미칠 수 있다고 우려합니다.

일부 증류소는 이미 피트 사용을 줄이기 위한 실험을 시작했습니다. 가스나 전기 오븐을 사용하여 몰트를 건조하는 등의 방법을 도입하고 있으며, 이러한 변화가 위스키의 맛과 향에 어떤 영향을 미치는지 연구 중입니다. 그러나 이러한 대체 방법이 피트를 완전히 대체할 수 있을지는 불확실합니다.

이러한 변화가 스카치 위스키 산업에 어떤 영향을 미칠까요?

사케 비바(Sake Viva)

이번 글에서는 조금 복잡한 문제를 다룰 예정입니다. 일본 정부의 곪은 부분과 일본 내 사회현상이 맞물려 창조해낸 결과물로, 개인적으로는 우려 섞인 시선으로 바라보고 있습니다.

2022년 8월 18일 일본 정부는 '사케 비바' 캠페인을 발표했습니다. 사케(Sake)는 일본어로 술, 비바(Viva)는 라틴어로 만세 등의 예찬에 사용되니 '술이여 만세' 정도로 번역되겠네요. 일본 국세청이 주관하는 이 캠페인은 20~39세의 젊은이들에게 주류 소비 장려 아이디어를 모집하여 젊은이들에게 술의 소비를 장려하는 것을 목표로 합니다. 어쩌다가 일본 정부는 젊은이들에게 술을 장려하게 된 것일까요?

일본 주류 시장의 현황

최근 몇 년간 일본의 주류 소비는 급격히 감소하고 있습니다. 일본 국세청에 따르면, 일본의 주류 소비는 1995년 연간 1인당 평균 100리터에서 2020년 75리터 수준까지 감소했습니다. 특히 맥주 소비가 급격히 감소했는데, 맥주 회사 기린에 따르면 2020년 1인당 맥주 소비량은 55병가량으로, 전년 대비 20% 줄었습니다. 또한 사케 소비량도 1970년대엔 약 17억 리터에 달했지만, 2020년대 초반에는 약 5억 리터로 감소했습니다.

현지 언론은 이 원인을 회식 문화의 위축과 일본 내 건강에 대한 관심 증가로 보고 있습니다. 먼저 일본이 초고령 사회로 접어들면서 주류 소비의 주역이 되어야 하는 20~30대의 인구가 부족해졌습니다. 노년층은 건강에 대한 관심이 높아지며 자연스럽게 주류 소비가 줄고, 젊은이들은 팬데믹 기간을 거치며 줄어든 회식 문화와 급격히 확산된 개인주의적 풍조로 더 이상 술을 많이 마시지 않는다는 것이 그들의 분석입니다.

영향

일본 정부는 주류 산업을 경제적으로 중요한 산업으로 보고 있습니다. 주류 산업은 농업, 관광업 등과 밀접하게 연관되어 있어 경제 활성화에 큰 역할을 합니다. 하지만 최근 언론 보도에 따르면 2020년 일본 주류 관련 세수는 정부 전체 세수의 2% 정도라고 합니다. 10년 전 3% 수준이던 것에 비하면 상당한 감소세죠. 여러 언론에서는 일본 정부가 세금을 더 걷기 위해 이 캠페인을 벌인다고 판단하고 있습니다.

주세법 문제(?)

　그런데 상당히 신빙성 있는 추측이 있어 이 글에 첨부합니다. 바로 일본 맥주의 주세법 문제입니다. 일본 정부는 다양한 세율을 통해 맥주에 유사 음료보다 더한 세금을 부과했습니다. 간단하게 정리하면 일본 정부는 맥아 함량 67% 이상일 경우 맥주, 미만일 경우 발포주 및 맥주 유사 음료로 구분하여 세금을 다르게 매긴 것이죠. 발포주는 저렴한 가격에 맥주와 유사한 맛으로 소비자들 사이에서 인기를 끌었으며, 주요 맥주 제조사들은 발포주를 통해 세금 혜택을 최대한 활용해 왔습니다. 한국의 필라이트가 이러한 제품에 해당합니다.

　그런데 2018년 4월을 기준으로 주세법이 개정되며 발포주 분류에 변경점이 생깁니다. 맥주 및 유사 음료의 세금이 삭감되는 대신 맥주와 발포주를 가르는 기준이었던 맥아 함량 67%가 50%로 변경된 것입니다. 또한 맥주의 과일 첨가 또한 인정되면서 맥아 함량이 높지만 과일이 들어가 발포주로 취급되던 주류들이 모조리 맥주에 편입되었습니다.
　결과적으로 일본 주류 회사들이 내야 하는 세금은 더욱 늘어났습니다. 주류 회사들은 반발했지요. 이 캠페인이 매출 감소에 세금 문제로 불만이 많은 주류 회사를 달래기 위한 정치적 거래가 아니냐는 추측이 조심스럽게 나오는 상황입니다.

사회적 반응 및 논란

캠페인은 일본 국민들의 뜨거운 반발에 부딪혔습니다. 특히 젊은 층을 대상으로 한 캠페인이 음주 문제를 악화시킬 수 있다는 지적이 나오고 있습니다. 또한, 주류 소비 촉진이 단기적인 경제 효과를 가져올 수는 있지만, 장기적으로는 건강 문제를 초래할 수 있다는 우려도 존재합니다.

결론

일본 정부 당국은 팬데믹 기간 동안 집 안에만 틀어박힌 사람들을 밖으로 꺼내 사회를 더 활발하게 만들기 위해 사케 비바 캠페인을 시작한다고 설명합니다. 나 역시 집 밖으로 나가 사람과 함께하는 것에 찬성합니다.

하지만 역사를 돌아보면 정부가 주류 규제를 완화하거나 주류를 권장하는 경우는 그만큼 세금 수급이 절실하거나 우민화 정책을 펼치는 경우였습니다. 그리고 언제나 범국민적 알코올 중독이라는 치명적인 부작용을 가져왔지요. 일본 정부가 원하는 것이 어느 것이든 부작용에 현명하게 대처했으면 좋겠습니다.

스트롱 츄하이(Strong チューハイ) 문제

최근 일본에서는 스트롱 츄하이(Strong チューハイ)로 인한 사회적 문제가 화제가 되고 있습니다. 츄하이는 어떤 술이고, 왜 문제가 되고 있는 것일까요? 이 글에서는 일본의 스트롱 츄하이 문제에 관해 알아보겠습니다.

츄하이(チューハイ)는 어떤 술인가?

츄하이(チューハイ)는 일본에서 매우 인기가 있는 알코올 음료로, '소츄'라는 일본 전통 소주와 탄산수, 그리고 다양한 과일 주스를 혼합한 칵테일입니다. 그래서 그 이름도 '소츄-하이볼'의 줄임말이지요. 한 캔에 150엔(약 1300원) 정도이며, 알코올 도수가 3%에서 8% 사이로 비교적 낮아 가볍게 즐길 수 있는 음료로 인식됩니다. 우리나라에는 산토리 사의 호로요이가 잘 알려져 있습니다.

츄하이는 언제 등장했나?

츄하이는 1980년대 초반에 일본 시장에 처음 등장했습니다. 츄하이는 가볍고 상쾌한 맛 덕분에 빠르게 인기를 얻었습니다. 특히 젊은 층과 여성들 사이에서 인기가 높았는데, 이는 낮은 알코올 도수와 다양한 과일 맛이 알코올 음료에 익숙하지 않은 사람들에게도 쉽게 다가갈 수 있었기 때문입니다. 저렴한 가격과 어디서든 쉽게 구할 수 있다는 점도 츄하이의 인기에 기여했습니다.

스트롱 츄하이(Strong チューハイ)의 등장과 시장 변화

스트롱 츄하이(Strong チューハイ)는 고도수 알코올 음료로, 츄하이 시장에 새로운 바람을 불어넣었습니다. 2010년대 출시된 스트롱 츄하이는 기존 츄하이보다 높은 알코올 도수(8% 이상)로 인해 빠르게 인기를 끌었습니다. 이러한 고도수 음료는 특히 성인 남성들 사이에서 큰 인기를 얻었으며, 빠른 시간 안에 일본 음료 시장의 주류에 편승했습니다. 특히 산토리 사의 스트롱 츄하이 제로는 설탕이 없어 건강하게 마실 수 있다는 이미지로 중장년층 남성들에게 큰 호응을 얻었습니다.

스트롱 츄하이가 어떤 문제를 일으키고 있는가?

스트롱 츄하이는 높은 알코올 도수로 인해 과음의 위험이 있습니다. 낮은 도수의 일반 츄하이와 달리, 스트롱 츄하이는 알코올 섭취량이 빠르게 증가할 수 있어 건강에 해롭습니다. 스트롱 츄하이는 9%의 도수를 가지는데, 문제는 양입니다. 500ml 스트롱 츄하이 한 캔을 마시면 에탄올 36ml를 섭취하게 되는 셈인데, 이것은 40% 보드카 3잔 반에 육박하는 양이며, 참이슬 후레쉬는 반 병에 해당합니다. 쥬스처럼 맛있지만 절대로 쥬스처럼 마실 음료가 아니죠.

또한 스트롱 츄하이를 자주 소비하는 사람들 사이에서 알코올 의존 증상이 나타나고 있으며, 이는 장기적으로 알코올 중독 문제로 이어질 수 있습니다. 연구에 따르면 스트롱 츄하이를 소비하는 사람들은 보다 무분별한 음주습관을 갖게 되는 것으로 나타났습니다.

일본 정부의 규제

일본 정부는 이러한 문제를 해결하기 위해 여러 가지 규제를 도입했습니다. 주요 규제 내용은 다음과 같습니다:

1. **광고 규제**: 츄하이 광고에 대한 규제를 강화하여 마케팅을 제한하고 있습니다.
2. **알코올 도수 제한**: 알코올 도수가 높은 음료에 대한 규제를 통해 판매를 제한하고 있습니다. 예를 들어, 아사히 맥주는 더 이상 8% 이상의 알코올 도수를 가진 츄하이를 출시하지 않기로 결정했습니다.
3. **경고 문구**: 알코올 음료에 대한 경고 문구와 알코올 도수 표기를 통해 소비자들이 음주에 따른 위험성을 더 잘 인식하도록 하고 있습니다.

이 사건은 우리에게 많은 것을 시사합니다. 아무리 맛있고 향긋한 술이라도 결국 몸에 해로운 음료라는 사실, 그리고 술을 즐기는 우리는 이것을 책임감 있게 소비해야 한다는 것입니다.

엔젤스 엔비(Angel's Envy) 의 등장

버번은 미국에서 생산되는 위스키 중 하나로, 엄격한 제조 규정을 준수해야만 '버번'이라는 이름을 사용할 수 있습니다. 전통적으로, 버번은 최소 51% 이상의 옥수수로 만들어지며, 새로운 오크 통에서 숙성되어야 합니다. 이러한 규정은 1964년 미국 연방법으로 명문화되었습니다.

1980년대 초 발베니(Balvenie) 증류소의 데이비드 스튜어트가 피니싱 기법을 소개하며 위스키 시장의 주류를 뒤집어 놓았습니다. 미국 연방 정부는 이에 관해 아무런 입장을 내놓지 않았지만 버번 업계는 헌 오크 통을 이용해 숙성하는 것은 버번이 아니라는 이유로 자율적으로 전통을 지켜나가는 선택을 했습니다.

변화는 2011년에 시작되었습니다. 링컨 헨더슨(Lincoln Henderson)과 그의 아들 웨스 헨더슨(Wes Henderson)이 포트와인으로 피니싱한 위스키인 엔젤스 엔비(Angel's Envy)를 내놓은 것입니다. 연방법의 버번 규정에서 피니싱을 하면 안 된다는 이야기는 없었기에 이것은 버번이라는 이름을 사용할 수 있었습니다. 하지만 엄연히 버번과는 다른 맛을 갖고 있었죠. 소비자들은 이 신선한 변화에 큰 매출로 응답했습니다.

이후 많은 버번 생산자들이 앞다투어 피니싱한 위스키를 내놓기 시작합니다. Isaac Bowman Straight Bourbon, Old Elk Port Cask Finish Bourbon이 바로 이 시기에 출시됩니다. 그리고 2016년 헨더슨 부자는 엔젤스 엔비로 번 돈으로 증류소를 세우게 됩니다. 이단아의 등장에 기존 버번 생산자들이 거부 반응을 일으키리라 생각했지만 의외로 그러한 기록은 찾을 수 없었습니다.

시장의 흐름이 크게 변화하자 결국 연방 정부가 움직이게 됩니다. 2019년, 미국 주류세 및 무역국(TTB)은 피니싱 기법을 사용한 버번의 라벨링 규정을 수정하여, 피니싱 과정을 거친 버번도 '버번'이라는 명칭을 사용할 수 있게 허용했습니다. 단, 라벨에 피니싱 기법을 명확하게 표기해야 합니다. 미국 주류세 및 무역국의 수정 규정을 요약하면 아래와 같습니다.

1. 재사용 오크통을 이용한 버번의 추가 숙성은 합법이다.
2. 추가 숙성 연수는 제품에 표기할 수 없다. 즉, 라벨에는 새 오크통에서 숙성한 연수만을 표기해야 한다.
3. 추가 숙성한 버번은 반드시 "피니시드" 또는 "마무리"를 적어 추가 숙성한 버번임을 라벨에 적어야 하며, 이때 어떤 캐스크에서 숙성했는지를 명시해야 한다.

한 방울의 탐험. 위스키 증류소와 나만의 술 이야기

이 시기 버번 생산자들의 반응은, 대체로 호의적으로 보입니다. 일례로 메이커스 마크(Maker's Mark)는 버번 라벨링 규정이 수정되는 2019년, 기다렸다는 듯이 전국적으로 출시된 첫 번째 피니싱 제품인 "Wood Finishing Series"를 선보였습니다. 이 제품은 기본 숙성을 마친 후 추가로 다양한 오크 통에서 숙성시켜 독특한 풍미를 구현하여 소비자들에게 큰 인기를 끌게 됩니다. 이 변화에 대한 항의나 반대에 관한 기록은 여전히 찾아볼 수 없었습니다.

2023년 말, 엔젤스 엔비는 한국 시장에 데뷔하게 됩니다. 아마 이것을 필두로 더 많은 피니시드 버번들이 한국 시장에 들어오겠지요. 마트에서 'Finished'라는 문구가 적힌 버번을 보고 눈을 의심한 기억이 아직 생생합니다. 어쩌면 나는 미국의 버번 생산자들만큼 변화를 잘 받아들이지 못하는 것일지도 모르겠습니다. 전통이란 무엇일까요? 그리고 어떻게 지켜나가는 것일까요?

바이에른 공국 맥주 순수령

오늘날 독일 맥주는 전 세계 맥주 업계에서 최고 품질을 자랑합니다. 그 배경에는 중세 바이에른 공국의 맥주 순수령이 있습니다. 바이에른 공국의 맥주 순수령(Reinheitsgebot)은 1487년 공작 직할령에서 처음 시행된 후 1516년 바이에른 공국 전역에 적용된 맥주 제조 관련 법령으로, 독일 맥주 산업의 역사에서 매우 중요한 위치를 차지하고 있습니다. 이번 글에서는 이 맥주 순수령에 대해 살펴보겠습니다.

바이에른 공국(Duchy of Bavaria)은 오늘날 독일 남부에 위치했던 중세의 독립적인 공국입니다. 6세기경 형성된 이 공국은 신성 로마 제국의 일원으로, 독일의 주요 영토 중 하나였습니다.

16세기 당시, 맥주는 독일의 중요한 음료로 자리 잡고 있었습니다. 일상 생활은 물론 종교적, 사회적 행사에서도 큰 역할을 했으며, 맥주 생산은 경제적으로도 중요한 의미를 가졌습니다. 맥주 산업은 보리와 같은

한 방울의 탐험. 위스키 증류소와 나만의 술 이야기

농산물의 재배와 밀접하게 연결되어 있었기 때문에, 공국 경제의 안정에 필수적이었습니다.

하지만 당시의 맥주 제조 과정에는 문제가 많았습니다. 품질이 좋지 못한 재료를 사용하거나 비위생적인 환경에서 제조되는 경우가 흔했고, 심지어는 독성이 있는 허브를 첨가하는 경우도 있었습니다. 이는 공국의 식품 위생과 공중보건을 위협했습니다.

그렇게 1516년 공국은 맥주 순수령을 발표했습니다. 주요 내용은 아래와 같습니다.

- **맥주 제조에 사용 가능한 재료**: 맥주 제조에는 물, 보리, 홉만을 사용하도록 제한했습니다. 이후 19세기 미생물의 발견으로 효모가 추가됩니다.
- **맥주 가격 규제**: 맥주의 가격 상한선을 제정했으며, 당시 계절과 보리 수확 시기에 의한 가격 변동을 최소화했습니다.

맥주 순수령은 맥주 품질을 획기적으로 개선했으며, 바이에른 공국의 맥주 산업을 보호하는 역할을 했습니다. 이로 인해 바이에른 맥주는 유럽 전역에서 높은 평가를 받게 되었습니다. 곧 독일의 다른 지역에서도 맥주 순수령을 채택하게 되면서 바이에른 공국의 맥주 순수령은 독일 전역으로 퍼졌습니다. 이는 독일 맥주가 세계적인 명성을 얻게 되는 발판을 마련했습니다.

그러나 맥주 순수령은 맥주의 다양성을 제한하고 창의적인 제조 방법을 억제했다는 비판을 받기도 합니다. 예를 들어, 다른 나라의 맥주 시장에서는 다양한 재료를 사용한 크래프트 맥주가 인기를 끌고 있지만, 독일에서는 순수령의 제약으로 인해 이러한 실험적 시도가 어렵습니다. 이는 독일 맥주가 전통적인 품질을 유지하는 동시에 글로벌 시장에서 혁신의 기회를 놓치고 있다는 비판을 불러일으키기도 합니다.

최근 독일에서도 크래프트 맥주의 인기가 조금씩이지만 증가하고 있습니다. 크래프트 맥주는 소비자들에게 다양한 맛과 독창성을 제공하며, 특히 젊은 세대 사이에서 큰 호응을 얻고 있습니다. 독일 맥주 소비 동향에 따르면, 크래프트 맥주의 시장 점유율은 꾸준히 증가하고 있으며, 이는 소비자들이 전통적인 맥주뿐만 아니라 다양한 맛을 경험하고자 하는 욕구를 반영합니다.

이에 대응하여 독일의 전통적인 맥주 제조업체들은 새로운 발효 기술을 개발하거나, 기존 재료의 조합을 통해 새로운 맛을 시도하고 있습니다. 또한, 일부 양조장들은 크래프트 맥주 시장에 진출하여 전통적인 맥주와 차별화된 제품을 선보이고 있습니다. 이처럼 독일의 맥주 시장은 전통과 혁신 사이에서 균형을 찾으려는 노력을 지속하고 있습니다.

독일 맥주는 순수령을 통해 확립된 높은 품질 기준을 바탕으로 여전히 세계 시장에서 강력한 경쟁력을 유지하고 있습니다. 그러나 벨기에나 미국의 맥주와 비교했을 때, 독일 맥주는 여전히 전통적인 맛과 품질에 주력하고 있다는 차별점이 있습니다.

예를 들어, 벨기에 맥주는 다양한 효모와 첨가물을 사용하여 복합적인 맛을 내는 것으로 유명하며, 미국의 크래프트 맥주는 실험적이고 혁신적인 접근으로 세계적으로 큰 인기를 끌고 있습니다. 반면, 독일 맥주는 순수령을 지키면서도 안정된 품질을 유지하는 데 중점을 두고 있습니다. 독일 맥주가 여전히 글로벌 시장에서 사랑받는 이유는 이러한 전통과 품질에 대한 신뢰 덕분입니다.

하지만 독일 국민들은 맥주 순수령에 대해 매우 강한 자부심을 가지고 있습니다. 2016년, 독일 맥주 양조자 협회(Deutscher Brauer-Bund)가 실시한 설문조사에 따르면, 응답자의 약 85%가 맥주 순수령을 독일 맥주의 중요한 전통으로 여기고 있으며, 이를 계속 유지해야 한다고 생각한다고 응답했습니다. 이 조사 결과는 맥주 순수령이 단순한 역사적 법령을 넘어, 독일 국민의 정체성과도 깊이 연관되어 있음을 보여 줍니다.

여전히 순수령은 독일 맥주 업계의 불문율로 자리하고 있습니다. 실제로 독일 맥주 제품에는 맥주 순수령을 준수하고 있다는 문구를 어렵지 않게 찾을 수 있습니다. 독일 내에서 맥주 순수령을 준수하지 않는 맥주는 종종 "진정한 맥주"로 인정받지 못하며, 이에 대한 사회적 인식도 뚜렷합니다. 이는 독일 맥주가 세계적으로 인정받는 중요한 이유 중 하나로 작용하고 있으며, 독일 국민의 자부심이기도 합니다.

개인연구

정향시체산의 아마로화

*"I'll raise your salary, and endeavour to assist your struggling family,"
Scrooge tells Bob Cratchit near the end of A Christmas Carol, "and we
will discuss your affairs this very afternoon, over a Christmas bowl of
smoking bishop!"*

[Christmas Carol] by Charles Dickens

[크리스마스 캐롤]의 스크루지가 마실 만큼 '스모킹 비숍'은 당대에도 유명한 칵테일이었습니다. 기본적으로 '와인에 향신료와 과일을 넣고 데운다'라는 뱅쇼의 논리를 갖고 시작하는 칵테일로, 열 때문에 알코올이 날아가 가볍게 마시기에 아주 좋습니다. 따뜻하게 마시는 칵테일인 만큼 속을 데우는 데에도 아주 좋고 약이 부족한 중세시대에는 감기약 대신 사용했다는 기록도 몇 가지 보입니다. 국내에는 뱅쇼에 밀려 별로 빛을 보지 못하는 칵테일입니다.

이 칵테일의 특이한 점은, 정향을 생오렌지에 박아 넣어 구운 후 그 즙을 주정강화 와인에 넣어 데운다는 것입니다. 정향을 오렌지에 박아 굽는 것이 당초에 무슨 의미인가 싶지만, 전통이 그렇습니다. 이것이 뱅쇼와 확실하게 차이나는 부분이며, 만드는 이의 입장에서 참 골치아프게 만드는 점입니다. 신기한 제작법에 끌려 나도 한 번 이것을 만들어 본 적이 있지만 어쩌나 손이 많이 가던지, 몇시간은 쩔쩔매며 매달린 기억이 납니다.

집에 오븐이 없어 에어프라이어에 1시간 정도 구웠던 것 같은데, 결론을 말하자면 굳이 그 고생을 해가며 먹을 가치는 없었던 것 같습니다. 다만 한 가지 아이디어를 얻은 것이, '엥 이거 완전 한약 아닌가?'라는 생각을 하게 되었다는 것입니다. 곧 정향과 귤껍질이 들어가는 정향시체산(丁香柿蒂散)의 배합법을 동의보감에서 찾을 수 있었습니다. 내장의 한기를 흩어내고 양기를 보충한다는 내용 역시 스모킹 비숍과 유사했죠.

다만 정향시체산에는 독성이 있어 민간에서 구할 수 없는 반하(半夏)라는 약재가 들어가 조정을 해야만 했습니다. 에디터 K의 검수를 받아 조합법을 정립하는데 성공하였고, 와인과 오렌지즙은 각각 복분자주와 감귤즙으로 대체하였습니다. 아는 바텐더분께 평을 받아보니 복분자주가 아니라 오디주를 사용해도 괜찮을 것 같다는 피드백을 받아 다음에는 오디주로 시도해볼 계획입니다. 결과적으로 '조선식 뱅쇼 만들기'라는 1차 목적은 달성했다고 여기고 있습니다.

오미자탕의 아마로화

한약 조제법 중에는 주수상반(酒水相半)이라는 기법이 존재합니다. 여러 한의학 서적에서 종종 발견되는 기법이라는데, 일단 간단하게 얘기하면 약을 달일 때 물로만 달이는 것이 아니라 술을 섞어 달이는 것입니다.

이유인즉슨 약재에 들어있는 성분은 지용성과 수용성이 각각 존재하기 때문입니다. 그리고 알코올은 지용성 성분을 잘 녹입니다. 물로는 달여내기 어려운 지용성 성분을 뽑아내기 위한 방법인 것이지요. 일례로 고주탕(苦酒湯)같은 처방은 아예 술로만 달이기도 한답니다.

이 부분에서 나와 한의사 친구는 조금 발상을 틀어보기로 합니다. 향기를 내는 성분은 대체로 지용성입니다. 그리고 알코올은 지용성 성분을 잘 녹입니다. 그렇다면 물을 아예 배제하고 술로만 한약을 달인다면 어떻게 될까요? 향기가 엄청나게 강렬한 술이 나오지 않을까요?

오미자탕은 맥문동(麥門冬) 2 전, 오미자(五味子) 3 전, 인삼(人蔘) 2 전, 진피(陳皮) 2 전, 행인(杏仁) 2 전을 사용하는 처방입니다. 이 중 나는 맥문동, 인삼, 행인을 포기합니다. 맛이 없었기 때문입니다. 술로 만드는 이상 약으로 쓴다는 생각은 갖다 버린다는 생각뿐이었습니다.

그런데 진피(귤껍질)와 오미자만 달이면 어딘가 심심하여 에디터 K의 도움을 받아 생강 등의 재료를 추가합니다. 하는 김에 약재도 약탈해 왔습니다.

약재를 달이는 데에는 40% 도수의 안동소주 일품을 사용했습니다. 납득할 수 있는 품질 안에서 가장 가격이 저렴했습니다. 350ml 세 병을 부었으니 약 1L를 사용했네요. 술 제조를 위해 구입한 중탕식 약탕기에 술과 약재를 부어 알코올 끓는점(섭씨 78.8도)보다 약간 아래의 온도로 맞추고 2시간 동안 달였습니다.

2시간 동안 술은 약재에 흡수되고 증발하여 40% 정도가 소실된 상태였습니다. 1L를 넣었는데 600ml 정도만 얻어낼 수 있다니 끔찍한 수율입니다. 맛이 궁금하신 분들을 위해 직접 맛보고 평을 남깁니다.

생으로 마셨을 때의 느낌은 지나치게 자극적이었습니다. 농축된 캄파리와 수정과의 혼합 그 어딘가에서 느껴지는 미칠듯한 신맛이 입안을 강타했습니다. 그리고 감초를 넣지 않아서 그런지 혀가 다 텁텁해질 정도로 드라이했습니다. 설탕시럽이 참으로 간절했습니다.

그렇지만 향 하나만큼은 압도적이었습니다. 특히 목으로 넘어간 이후의 여운이 굉장히 길어서 숨을 쉴 때마다 입에서 오미자 냄새가 감도는 것이 불쾌하지 않고 개운했습니다. 나는 맛을 더 정밀하게 분석하기 위해 이것을 희석시켰습니다.

희석시켜 마셔 보니 이것이 캄파리와 비슷하다는 확신이 들었습니다. 새콤한 맛과 강렬한 향신료 냄새가 확실히 비슷합니다. 네그로니를 만들어 마셔보면 재미있겠다는 생각이 들었지만 아쉽게도 베르무트는 구비하지 않았기에 포기하였습니다.

결과가 어떻든 '향긋한 약술을 만든다'라는 목표는 달성했으므로 나는 만족하고 작업을 마무리했습니다.

쌍화탕의 아마로화

Emotion의 한의사 친구, 에디터 K입니다. 오늘은 정향시체산과 오미자탕에 대한 개인 연구, 그 이전 이야기를 해보고자 합니다. 우리가 최초로 한약재를 가지고 술에 접목시켜 응용해 보고자 한 것은 2022년의 어느 날이었습니다.

2019년의 Emotion은 한창 나를 바에 데리고 다니며 칵테일을 소개했습니다. 딴에는 자기가 배운 멋진 취미를 공유하고 싶은 것이었을 것입니다. 나 역시 칵테일을 보며 한약과 비슷한 부분이 많다는 점을 깨닫고 흥미를 갖게 됩니다. 그러던 중 아예 한약을 사용한 칵테일이 있을지 궁금해 Emotion에게 질문하게 됩니다. 그는 조금 고민하더니 몇 년 전의 기사를 찾아 나에게 보여 줍니다. 세계 최대의 주류기업 디아지오가 주최한 바텐더 대회 '월드클래스 2018'의 예선전에서 나온 칵테일이었는데, 무려 쌍화탕이 들어가 있었습니다. 쌍화탕을 넣은 발상도 신선했지만 칵테일을 만든 박다비 바텐더의 인터뷰는 더욱 흥미로웠습니다.

칵테일에서 생각보다 중요한 맛이 바로 쓴맛입니다.

좋은 칵테일은 음식처럼 단맛과 신맛, 쓴맛, 짠맛 등 다양한 맛이 어우러져야 하거든요.

그래서 '비터스'라고 하는 쓴맛이 나는 착향제나 음료를 칵테일에 많이 응용합니다.

비터스 중에 가장 유명한 게 '앙고스투라 비터스'가 있어요. 콜라 맛이 나는데도 엄청 쓴맛을 냅니다. 약맛이 나는 비터스, 초콜릿 향이 나는 비터스도 있고요.

쌍화차도 이런 역할로 사용했습니다.

바텐더 바니 강(박다비), 2018년 서울경제 인터뷰에서

쓴맛이 걸림돌이 아니라 이용해야 하는 존재라는 건 굉장히 인상 깊은 말이었고, 나는 이 칵테일을 깊게 기억하게 됩니다.

2022년 어느 날, 나는 한약재를 칵테일에 응용하는 경주에 있는 바를 우연히 방문하게 됩니다. 자리에 앉으니 백 바 맨 윗칸을 여러 한약재로 채운 것을 목격할 수 있었습니다. 한약재에 익숙한 나는 황기, 당귀 등 12가지 약재가 들어간 진토닉을 한잔 주문해 봅니다. 우리가 기존에 알던 진토닉과는 사뭇 다릅니다. 바텐더님께 여쭤보니 한약재를 인퓨징하는 방식으로 칵테일에 응용한다고 말씀하셨습니다. 평소에 위스키와 칵테일에 관심이 많던 나는 여기서 영감을 얻게 됩니다. 일전에 인상 깊게 들은 칵테일을 떠올려봤습니다. 한약을 칵테일에 접목한다면 과연 얼마나 다채로운 결과가 나오게 될까요?

한 방울의 탐험. 위스키 증류소와 나만의 술 이야기

같은 해 방문한 단골 바의 바텐더님도 이 이야기에 관심을 가졌습니다. 초창기의 우리는 바 분에서 영감을 받아 술에 약재를 담가 담금주를 만드는, 흔히 인퓨징이라 부르는 방법을 고려하고 있었습니다. 그런데 바텐더님의 말에 의하면, 인퓨징이 더 편할 수도 있지만 품질의 고점을 노린다면 직접 추출해 내는 방법이 더 유리할 것이라고 합니다. 우리는 그때 한 가지를 떠올리게 됩니다. 바로 한약입니다. 술로 한약을 달인다면 그것이 직접 추출해 내는 것이 아닐까요?

나는 이전에 먹었던 황기와 당귀가 들어간 진토닉을 떠올려 봅니다. 황기와 당귀를 메인 약재로 이용하는 대표적인 한약은 쌍화탕입니다. 이러한 다양한 경험들을 밑바탕으로 하여 Emotion과 나는 쌍화탕을 가지고 아마로(Amaro)를 만들어보기로 합니다. (각주 : 아마로는 비터의 묽은 버전이라고 생각하면 편합니다)

동의보감에 보면 쌍화탕은 사물탕과 황기건중탕을 조합한 처방이라고 기록하고 있습니다. 사물탕은 혈허증(血虛症)과 혈병(血病)에 두루 사용하는 약으로서, 월경불순·불임증·갱년기장애·임신중독·산후증 등 여성에게 많이 사용합니다. 황기건중탕은 허로(虛勞)나 기허(氣虛)로 인해 아이가 식은땀을 자주 흘리고 가슴이 두근거리며 코피를 자주 흘리고 식욕부진 혹 배앓이를 하거나 팔과 다리에 번열(煩熱)이 있으면서 입이 마르는 것을 치료하는 처방입니다. 쌍화(雙和)는 이름에서 알 수 있듯이 기와 혈을 보충하여 조화롭게 만든다는 의미로, 음기와 양기를 잘 조화롭게 해준다는 처방입니다. 남녀노소 누구에게 사용 가능한 보약이며 자양강장제라고 할 수 있습니다.

雙和湯

治心力倶勞氣血皆傷或房室後勞役或勞役後犯房及大病後虛勞氣乏自汗
等證

白芍藥二錢半熟地黃黃妼當歸川芎各一錢桂皮甘草各七分半右轚作一貼
薑三棗二水煎服

一名雙和散乃建中湯四物湯合爲一方大病後虛勞氣乏最效《諸方》

『동의보감(東醫寶鑑)』 잡병편(雜病篇) 허로문(虛勞門) 중

쌍화탕에는 백작약, 당귀, 천궁, 숙지황, 황기, 계피, 감초, 대추, 생강
이 들어갑니다. 하지만 우리는 한약을 조제하는 것이 아닙니다. 약재의
풍미를 살린 아마로를 만드는 것이 목적이죠. 본초학을 배운 나는 한약
재의 효능보다는 맛과 향을 중심으로 하여 약재를 가감하게 됩니다.

쓴맛이 없고 달달한 황기건중탕의 황기(黃芪)와 달면서 맵기도 한 사
물탕의 당귀(當歸) 및 시나몬의 맛과 향을 살리기 위한 육계(肉桂)는 살
리기로 합니다. 그리고 향신료로도 많이 쓰는 정향(丁香) 회향(茴香)과
칡즙으로도 그 맛과 향이 익숙한 갈근(葛根)을 추가하기로 합니다. 이러
한 약재를 이용하여 보드카를 이용하여 탕전합니다. 알코올이 너무 많
이 날아가지는 않게 온도는 섭씨 75도로 잡았습니다.

완성된 쌍화 아마로를 가지고 몇몇 바텐더분을 찾아가게 됩니다. 우
리가 알던 쌍화탕과는 다르지만, 한약재 중에서도 알싸하면서 풍부한
향이 올라옵니다. 우리는 주류 전문가와는 거리가 조금 있었으므로 이
것을 가지고 만들 수 있는 칵테일을 부탁했습니다. 다행히 모두 흔쾌히

승낙하였고, 그 결과물을 첨부해둡니다. 어쩌면 우리에게 영감을 준 칵테일의 창작자를 찾아가는 날이 올지도 모르겠네요.

한약과 칵테일. 이러한 서로 다른 분야와의 소통은 우리를 전에 없던 길로 인도하기도 합니다. 저에게 많은 영감을 준 Emotion과 경주와 전주의 바텐더님들께 감사의 인사를 전합니다. 우리의 이러한 경험이 Emotion의 후속 연구에도, 그리고 이 글을 읽는 다른 사람들에게도 좋은 영감이 되기를 바랍니다.

오두탕의 변형

　여름입니다. 이 글을 쓰는 지금이 7월의 말일이니 그야말로 삼복더위의 한복판입니다. 약술 만들기의 다음 소재를 고민하던 나는 여름에 먹기 좋은 술을 만들면 어떨까 하는 생각이 들었습니다. 그대로 나는 허준 선생의 지혜를 얻기 위해 동의보감을 뒤지기 시작했습니다. 곧 나는 주갈(酒渴, 술을 마시고 일어나는 갈증)에 쓰는 처방인 오두탕(五豆湯)을 발견할 수 있었습니다.

　오두탕은 적소두(赤小豆, 팥), 녹두(綠豆), 흑두(黑豆, 검은콩), 청두(靑豆, 완두콩), 황두(黃豆, 대두)와 건갈(乾葛, 칡뿌리), 관중(貫衆)이 들어가는 처방입니다. 콩을 우린 물이라, 보리차 비슷한 것이 아닐까 생각했습니다. 한의사 친구와 상의해 보니 관중은 빼도 큰 상관이 없지만 칡은 진액 생성을 도와 갈증 해소에 좋으니(生津止渴 解酒) 주갈 치료제로 사용하고 싶다면 넣는 것이 좋겠다는 조언을 받았습니다. 관련된 언급을 한의사 친구가 아는 교수님의 블로그에서 확인할 수 있었습니다. 약재 약탈은 실패했습니다.

이후 몇 번의 조정 끝에 레시피를 정립하는데 성공합니다. 개인적으로 콩의 느낌이 더 살았으면 하여 조금 더 조정해 볼 생각입니다. 제작과 실험 과정을 여기에 남깁니다.

이번에는 실험 방향을 조금 틀어 수전(水煎, 물에 달임)으로 진행했습니다. 만약 술에 달여서 콩과 갈근의 향을 강하게 가져온다면 그냥 칡 내나는 그레인위스키 아니냐는 생각이 들었기 때문입니다. 그리고 술을 마셔서 생긴 갈증을 해소하려는데 거기에 또 술이 들어가면 이상하다는 생각도 들었습니다.

2시간 동안 달인 후 솥을 열어보니 고소한 콩 내음이 코를 후벼팠습니다. 분명 콩은 많아봐야 25%를 넘어가지 않았을 텐데, 이상한 일입니다. 달여진 물은 시커먼 것이 수상하게 생겼다는 생각이 일었습니다. 일단은 맛을 봐야겠죠.

칡 냄새가 전혀 안 나서 방심했던 터라 한입에 바로 밀려오는 칡 맛에 나는 깜짝 놀랐습니다. 물론 불쾌하지는 않았습니다. 오히려 콩의 고소한 맛과 어우러져 내가 지금 음료가 아니라 어떤 국을 마시고 있다는 생각도 들었습니다. 그리고 놀랄 만큼 뒤가 개운했습니다. 한 가지 문제가 있다면 맛에 자극이 없어 심심하다는 것이었습니다.

나는 곧바로 레몬즙, 설탕, 소금을 각각 섞은 세 가지 샘플을 만들고 시음해 보았습니다. 레몬즙은 칡과 어울리지 않아 영 꽝이었고 설탕은 그럭저럭 마실만한 수준이었습니다. 설탕이 아니라 꿀을 넣는다면 더 잘 어울리겠다는 생각도 들었습니다.

마지막 소금은 갈증 해소제니까 나트륨이 있으면 좋지 않을까 하는 생각에 넣어보았습니다. 음료에 소금을 넣는 행위로 느껴지는 죄악감은 샘플을 시음하니 금방 사라졌습니다. 나는 팥죽에 설탕보다 소금을 넣어먹는 것을 즐기는데 이것이 바로 그 맛이었습니다. 의외의 결과에 즐거웠습니다.

혹시나 하고 술로 달여본 결과물은 그냥 콩 맛나는 소주였습니다. 누룩 내와 콩 냄새가 섞여 어딘가 잡곡 같은 느낌도 있었지만 굳이 뭔가를 만들어 먹겠다는 생각까지는 들지 않았습니다.

실험에 대한 자체 평가는 반절 정도 성공입니다. 수전은 성공적이었지만 결과물이 아무리 좋아도 결국은 음료수라 술을 마시고 가볍게 건네주는 사이드 메뉴로는 좋을지도 모르겠네요. 아쉬운 마음과 함께 기록을 마칩니다.

오매모과탕

나는 모과를 참 좋아합니다. 맛은 형편없지만 그 향은 극상이라는 표현으로도 모자랄 정도입니다. 그래서 내가 처음 한약재를 술에 입히려고 했을 때 생각해낸 것도 모과였습니다. 술을 마실 때 모과 향을 함께 즐긴다면 얼마나 좋을까요! 당시에는 내가 약재에 대한 지식이 전무했고 참고자료도 딱히 없었으므로 에디터 K에게 부탁해 모과만을 청주에 달여서 한 번 시음해 보았습니다.

먹어본 모과주의 맛은 실망 그 자체였습니다. 내가 기대한 모과의 향보다는 밍밍한 맛이 더 강해 영 텁텁하고 먹기 힘든 술이 되어있었습니다. 아쉬운 마음을 뒤로하고 나는 샘플을 전량 폐기해야 했습니다.

창작의 시작은 모방이라고들 하지요. 나는 모과를 더 효율적으로 활용하기 위해 모과를 이용한 제품이 어떤 레시피를 주로 사용하는지 알아볼 필요성을 느꼈습니다. 아무래도 먹는 것이니 식품이야겠지요. 나는 곧 롯데제과의 목캔디를 떠올렸고, 마트에서 한 통 사와 시음해 봤습니다.

포장엔 페퍼민트, 모과, 도라지를 주로 사용했다고 되어있지만 도라지의 향은 크지 않습니다. 오히려 페퍼민트와 허브를 모과가 도와주는 그림이죠. 내가 만들고 싶은 그림과는 많이 달랐지만, 허브의 알싸한 맛과 모과는 생각보다 궁합이 좋다는 사실을 얻어낼 수 있었습니다.

이후 나는 시중에 돌아다니는 모과청도 먹어보고, 모과를 활용한 식품도 몇가지 먹어 보았지만 내가 만들고 싶은 모과의 느낌과는 영 거리가 멀었습니다. 가장 심각한 부분은 모과만 사용해서는 뭔가 답답하고 꺼림칙한 뒷맛이 남는다는 점이었습니다. 그 부분은 허브를 사용하면 해결될 것 같았지만 정확히 어느 허브를 사용해야 할지 감이 오지 않았습니다. 중간의 공허함 또한 문제였습니다. 모과청을 먹었을 때 느껴지는 향은 좋았지만 맛 자체는 아무래도 공허함이 가득했습니다. 그 부분을 채워줄 무언가가 필요했습니다. 기왕이면 같은 과일인 것이 좋겠지요.

그렇게 한참을 방황하던 나는 동의보감에서 모과를 활용한 처방들을 찾아보게 되었습니다. 한의학에서 모과는 주로 근골격계를 보강하는 용도로 많이 사용합니다. 별로 끌리는 효능은 아니었습니다. 내가 만들고 싶은건 약이 아니라 술이었으므로 첫째로 맛있어야 했고, 효능은 둘째일 뿐이었습니다.

그러던 중 나는 주갈 해소제로 사용된다는 오매모과탕(烏梅木瓜湯)을 발견하게 됩니다. 불에 그을린 매실인 오매를 사용하는 처방인데, 오매는 제호탕에도 들어가는 만큼 갈증 해소와 내장 보강에 사용되곤 합니다. 그리고 기본적으로 매실이니 맛없을 수가 없겠지요. 모과가 메인이 아니라는 점은 아쉬웠지만 나는 이 처방을 기준으로 실험을 시작하게 되었습니다.

한의사인 에디터 K의 검수까지 끝낸 후, 나는 그럭저럭 쓸만한 레시피를 만드는데에 성공하게 됩니다. 처음 완성한 순간, 결과물이 너무나 마음에 든 나는 그만 앉은자리에서 연거푸 5잔을 비워버렸습니다. 조금 더 달짝지근한 목캔디의 느낌이 물씬 올라오는 느낌입니다. 단순하게 물과 섞어먹어도 맛있는 술이지만, 단골 가게의 바텐더로부터 진저에일과도 어울린다는 추천도 받았습니다.

그런데 한가지 문제가 있었습니다. 6잔 정도 마신 후였을까요, 이상하게 위장에서 트림이 계속해서 올라오는 것이었습니다. 상상도 못한 부작용이었습니다. 훗날 알아보니 조합법이 가스활명수와 유사하여 과하게 섭취하면 소화제를 복용한 것과 비슷한 효과를 받게 될 수도 있다고 하네요. 이 부분만큼은 직접 해결할 방법이 없어 나는 실험을 종료해야만 했습니다. 언제나 창작의 과정은 나를 알 수 없는 곳으로 인도하는 것 같습니다.

오매모과탕은 나의 첫 번째 완성품이지만 아직도 개량중이기도 합니다. 아직도 나는 조금씩 개량품을 달여 혼자 술잔을 기울이곤 합니다. 언젠가는 부작용을 해결할 날이 오지 않을까요.

한 방울로 이어지는 이야기들

위스키는 단순한 음료가 아닙니다. 그것은 시간의 농축물이며, 사람의 손길과 오크통의 기다림이 만들어 낸 작은 기적입니다. 우리는 위스키를 넘어 다양한 증류주의 세계와 그에 얽힌 이야기들을 통해 술이 인간의 삶과 어떻게 얽혀 있는지 조명하고자 했습니다.

술의 세계를 탐험하며 우리는 단순히 마시는 즐거움을 넘어, 술이 가진 문화적, 역사적, 그리고 개인적 의미를 발견했습니다. 한약재와 술의 융합적 실험, 각국의 증류소를 직접 탐방한 경험, 그리고 술과 얽힌 다양한 사건들은 우리에게 술 한 잔이 단순히 소비재로 끝나는 것이 아니라, 사람과 사람, 과거와 현재를 잇는 매개체임을 알려 주었습니다. 술 한 잔을 마시며 느끼는 여유와 감탄, 그 배경에 숨겨진 이야기는 삶을 보다 풍요롭게 만들어 줍니다. 그것이 위스키든, 진이든, 혹은 쌍화탕을 활용한 아마로와 같은 새로운 시도이든, 한 잔에 담긴 가치는 그 자체로 충분히 의미가 있습니다.

책을 덮는 이 순간, 여러분의 잔 속에는 또 다른 이야기가 채워지길 바랍니다. 한 방울의 탐험은 끝났지만 여러분의 이야기는 이제 시작입니다. 눈 앞의 미지를 느끼며 모험을 즐기시길 바랍니다.

"한 잔으로 이어지는 세상이여! 건배!"

한 방울의 탐험,
위스키 증류소와
나만의 술 이야기

ⓒ 고윤근 · 임오선, 2025

초판 1쇄 발행 2025년 1월 24일
2쇄 발행 2025년 2월 20일

지은이   고윤근 · 임오선
펴낸이   이기봉
편집   좋은땅 편집팀
펴낸곳   도서출판 좋은땅
주소   서울특별시 마포구 양화로12길 26 지월드빌딩 (서교동 395-7)
전화   02)374-8616~7
팩스   02)374-8614
이메일   gworldbook@naver.com
홈페이지   www.g-world.co.kr

ISBN   979-11-388-3938-9 (03590)